Umberto Veronesi

con ALBERTO COSTA

L'UOMO CON IL CAMICE BIANCO

Rizzoli

ISBN 978-88-17-03434-0

Prima edizione: settembre 2009

Prefazione

Scrivere la prefazione al libro di un amico è impresa ardua e scivolosa. Si rischia di cadere nella retorica più compiacente. Se poi si tratta della sua autobiografia, ancora di più. E se l'amico è Umberto Veronesi, la missione è quasi impossibile. Per diverse ragioni. Prima di tutto perché lui è lui. Veronesi è per definizione indefinibile. Come tutti i grandi personaggi (pochi) che hanno tenuto alto il nome dell'Italia in questi anni. Un grande medico e un eminente scienziato? Certo, ma non basta. Il suo profilo pubblico è più ampio: ex ministro, senatore eccetera.

Umberto ha molte vite che non lo hanno ancora soddisfatto appieno. Anche adesso, superati gli ottant'anni con slancio giovanile, si alza ogni mattina all'alba come se dovesse cominciarne una nuova. Con un'altra idea in testa, un progetto ambizioso, un'avventura mai provata. Non è mai appagato, non è mai rassegnato. Lui lo chiama Stato di allerta permanente, in sigla Sap. Che mania questa degli acronimi, Umberto! E soprattutto non è mai di cattivo umore. Qualche volta finge? Forse, ma se lo fa ci riesce benissimo. La vecchiaia è il tempo in cui si vive più di rimpianti che di progetti? Allora Veronesi è un adolescente. Irrequieto. E non aggiungo altro.

Sono tante le vite di Umberto, ma sono molte di più, tantissime, quelle che ha salvato. Tutti gli dobbiamo qualcosa. Anche chi non è mai stato suo paziente o parente o amico di un suo paziente. Nella sua lunga carriera, nella quotidiana lotta al cancro, Veronesi ha regalato a tutti noi un po' di vita. Ci ha insegnato ad amarla, a non sprecare il tempo, a scoprire quanta libertà si racchiuda nell'impegno e nella disciplina. Aspettare, digiunare e meditare, come nel *Siddharta* di Herman Hesse. La bellezza di vivere «il presente in modo intenso e assoluto». In ogni momento. Senza perdersi un attimo. Con gioia.

Chi si aspetta, però, di leggere, nella sua autobiografia scritta a quattro mani con l'amico e collega Alberto Costa, una serie di storie di vite salvate, ritratti di persone che gli sono riconoscenti (galleria infinita), rimarrà deluso. Umberto ci parla soprattutto delle vite che non è riuscito a salvare. Dei suoi insuccessi, di quando si mise a piangere, consolato da una suora, per non essere riuscito a salvare un malato. «Oggi nella mia mente c'è una gigantesca fossa comune. Ho visto morire molte persone. Troppe» confessa. Leggete il capitolo dedicato al cancro e ai bambini, e la storia di quel «piccolo spaventapasseri di pelle e ossa rinsecchite» sulla spiaggia di Punta Ala, minato da un tumore maligno al cervello. «Ci sentivamo falliti e impotenti. [...] Ci ripetevamo, come scriveva il pastore protestante Bonhoeffer nelle sue lettere dal campo di concentramento nazista, che bisognava imparare a vivere "come se Dio non esistesse".» Ma per fortuna, accanto a quel tenero spaventapasseri, compare il giovane Tarik, guarito dalla leucemia, che un giorno investe in bicicletta il professore. «Che ti è successo?» gli chiederà la moglie la sera. «Nulla, sono solo stato investito [...] da un soffio di vita di indicibile potenza.»

Veronesi ama la vita ma non pensa da laico che questa debba essere difesa sempre, in ogni caso, anche quando è apparente, artificiale. «Mi batto per il rispetto della volontà del paziente.» Lo scrive nel decalogo che riassume tutta la sua filosofia di medico, scienziato e cittadino. Il consenso informato, il diritto all'autodeterminazione del paziente (chiamato per nome e non con l'organo colpito dalla malattia) sono scelte di civiltà. Le terapie invasive ledono la dignità della persona. La bioetica è terreno delicato. Lo scienziato Veronesi rispetta le posizioni di chi ha fede, pur non condividendole, ma si chiede se il diritto a una vita dignitosa e consapevole non si ottenga di più con cure sollecite e valide, risparmiando al paziente dolori inutili. «Ho scoperto nelle corsie degli ospedali in cui ho lavorato che chi riesce a sconfiggere il dolore non chiede di morire.» Se vincessimo la battaglia contro il dolore, il dibattito sull'eutanasia perderebbe d'attualità e forse di senso. Il decalogo del laico Veronesi, dell'uomo che si è schierato a favore della fecondazione assistita e contro le posizioni della Chiesa, è il più lucido atto di fede nella vita che abbia mai letto.

Ferruccio de Bortoli

Introduzione

Come chiunque si trovasse nella mia situazione, ho esitato a lungo prima di decidermi a dare il via al lavoro che ha prodotto questo libro. Temevo di apparire troppo narcisista, almeno agli occhi dei più. Temevo di mettere in circolazione pagine che molti avrebbero letto come autoelogiative o troppo celebrative.

Ero molto perplesso, anche perché quando esce un libro su qualcuno di solito è perché la persona appartiene già al passato (e gli si dedica una biografia che ormai non può più controllare) o è lui stesso a sentirsi legato al passato e allora nasce l'autobiografia, di solito ancor meno vera di quelle scritte da altri.

Sono stati Alberto Costa e Donata Francese, che da sempre mi assiste con attenzione e competenza nei miei rapporti con i media, a convincermi che passare qualche mese a rievocare insieme un po' delle mie idee, opinioni e ricordi avrebbe potuto far bene sia a me sia a qualcun altro e ho deciso di ascoltarli perché per tanti anni ci siamo intesi quotidianamente alla velocità della luce. Quando nel 2003 Alberto decise di accettare l'offerta dell'Ente Ospedaliero Cantonale di andare a fondare in Canton Ticino il Centro di Senologia della Svizzera Italiana, fu l'occasione per entrambi di mettere ordine – almeno in parte – nei nostri reciproci archivi: Alberto si era presentato per la prima volta nel mio ufficio nel marzo del 1973, rispondendo a un'inserzione sul «Corriere della Sera» con cui cercavo uno studente di medicina interessato ad aiutarmi a organizzare corsi di aggiornamento e formazione permanente. Con sorprendente continuità è stato ancora lui, nel 2001, a dare la spinta organizzativa per l'introduzione in Italia dell'Ecm, l'Educazione Continua in Medicina. In questi tre decenni è stato al mio fianco in centinaia di iniziative scientifiche, organizzative e politiche oltre che nel quotidiano lavoro clinico.

Oggi io dirigo l'Istituto Europeo di Oncologia, lui la Scuola Europea di Oncologia.

La nostra città è Milano.

La nostra vita è stata la guerra al cancro.

UMBERTO VERONESI

Ai ricercatori che per tutta la vita hanno lavorato per sconfiggere il cancro, soprattutto a quelli che non sono riusciti a scoprire nulla di importante.

Alle nostre pazienti.

L'UOMO CON IL CAMICE BIANCO

Il dolore degli altri

Diverse volte nella vita mi è venuto il dubbio di aver dato l'impressione che fosse tutto troppo facile. Che fosse facile guarire ma anche ammalarsi, scoprire qualcosa di nuovo ma anche portare a termine un'operazione chirurgica in verità assai complessa. Ho passato la vita a sdrammatizzare, a sforzarmi di sorridere anche davanti alle parole dei malati, a spiegare, a semplificare, a far capire e a far sperare. Non che ora nutra rimpianti, anzi, riesco ancora a stupirmi ogni giorno, sfogliando i giornali, di come ci sia molta più attrazione per la notizia tragica che per la scoperta piacevole, più spazio per le situazioni morbose o disperate che per storie positive di successo e di gioia.

Ma un dubbio mi rimane, ed è quello di essere a volte andato troppo oltre nella direzione opposta, di aver voluto forse io stesso vedere sempre e soltanto il bicchiere mezzo pieno, chiudendo gli occhi sulla parte mezza vuota, oppure di aver troppo minimizzato la fatica, la sofferenza, la difficoltà e l'ansia di chi si dedica al misterioso lavoro di curare i propri simili.

Soprattutto quando penso alla chirurgia, che è stata l'attività prevalente delle mie giornate per gran parte della mia vita. Come aiutare un proprio simile ad accettare l'idea di essere privato di una parte del proprio corpo, se non sdrammatizzando un po'? Se non dicendo che in fondo «è una piccola cosa», che tra una settimana potrà già guidare, che a Natale non se ne ricorderà neanche più? E per noi che alzandoci la mattina (molto presto) dobbiamo subito concentrarci su ciò che ci aspetta in sala operatoria, esiste forse una ricetta che possa farci sentire come normali impiegati di banca?

Questo rapporto così diretto con il sangue di un altro uomo o di un'altra donna è straordinariamente unico nell'esperienza umana. Operare significa affondare una lama nel corpo di un proprio simile, come in un duello medievale, come in un omicidio misterioso, ma per un motivo esattamente opposto: cercare di liberarlo dalla malattia che lo ha aggredito.

Non ho cominciato la mia carriera di medico dalla chirurgia, ma dall'anatomia patologica, cioè dallo studio, a occhio nudo e al microscopio, dei «pezzi» – come si dice in gergo – inviati dai chirurghi al termine delle loro operazioni. In un certo senso ho percorso la mia strada professionale (e umana, forse) a ritroso, partendo dall'osservazione e dallo studio delle cellule, poi studiando le leggi che governano la loro convivenza, poi concentrandomi sui vari organi del corpo umano e infine sugli esseri umani nel loro insieme.

Da un certo punto di vista tutti i medici fanno la strada a ritroso perché fin dall'inizio della loro carriera di studenti non viene loro mostrato il corpo umano nel suo insieme, ma i singoli organi e le loro malattie. Deriva da qui l'abitudine di molti medici e chirurghi – che agli estranei pare così orrenda – di chiamare i pazienti con la loro malattia («In camera 3 c'è un diabete che proprio non riesco a controllare») oppure con il loro organo malato («Domani abbiamo due tiroidi e un colon da operare»). Ma si può arrivare solo abbastanza tardi ad alzare lo sguardo, ad essere capaci di zoomare al contrario l'immagine del malato e, partendo dall'organo che sta soffrendo, riuscire a comprendere che è l'intera persona a soffrire. Si impara solo dopo molti anni a riconoscere i pazienti uno ad uno, a dare la giusta proporzione al rapporto tra organo e organismo, tra malattia e malato.

Ho su questo argomento un ricordo che rimane nella mia memoria con sorprendente nitidezza e lucidità. Era il 1973, alla fine dell'inverno, una di quelle orribili mattine milanesi dal cielo plumbeo e dall'aria gelida e umida. Non avevo ancora cinquant'anni ed ero primario del reparto di chirurgia al settimo piano dell'istituto di via Venezian. Dalle finestre non si vedeva altro che grigio e tetti di case anonime e tristi. Il paziente che avevo operato il giorno prima era morto durante la notte e non riuscivo proprio a farmene una ragione. I miei assistenti e la suora del reparto, l'angelica suor Luigina, entrata in convento per poter mangiare e lasciare alle proprie spalle la poverissima famiglia delle montagne intorno a Bergamo, non capivano la mia disperazione. Provarono a lungo a consolarmi, a farmi riflettere sul fatto che a un cancro allo stomaco come quello non si poteva comunque sopravvivere, mi prepararono un caffè caldo. Ricordo molto bene quest'episodio perché fu una delle pochissime volte in vita mia che non riuscii ad impedirmi di piangere in pubblico. Tenevo la testa sulle braccia incrociate sul tavolo dell'infermeria e proprio non riuscii a trattenere i singhiozzi. Solo molti anni dopo capirò che quello che si prova in quei momenti non ammette altra ragione che quella delle lacrime, del rimpianto, della frustrazione. Quelli sono i momenti in cui si odia questo lavoro con tutte le proprie forze e si vorrebbe urlare che non è giusto avere su di sé la responsabilità della vita di un altro essere umano. È troppo dover decidere in pochi minuti se un nodulo al seno è un cancro o una cisti qualsiasi. Oggi nella mia mente c'è una gigantesca fossa comune. Ho visto morire molte persone. Troppe. Il dolore degli altri è diventato il mio dolore esistenziale.

A volte penso che noi medici siamo come atleti impegnati nel tentativo di superare un primato, siamo chiamati a migliorare il record del mondo. Tutto è molto veloce negli ambulatori e si hanno pochi minuti per decidere. La decisione dipende dalle proprie conoscenze, dall'esperienza accumulata, dal modo in cui le domande sono formulate, dall'umore, dallo stato di salute, da come è andata la notte: è giusto che il destino di chi ti sta davanti dipenda da tutto ciò? Anche in sala operatoria tutto è molto veloce. Bisogna «muovere le mani» perché ci sono sempre altri interventi in programma, perché quando fai l'ultimo non hai più fretta ma in compenso sei stanco morto, perché spesso non c'è tempo di mangiare nulla e contro l'ipoglicemia c'è solo quel po' di zucchero nel caffè. È vero anche tutto il resto che si dice dei chirurghi, certo. Non studiano abbastanza, guadagnano troppo, non sanno comunicare bene con i pazienti, soffrono di onnipotenza. Ma vuole farsi avanti qualcun altro a prendersi sulle spalle il peso di una diagnosi sbagliata? C'è qualcuno che vuol provare a dormire col pensiero che forse quel taglio andava fatto in un altro modo o che forse quella legatura non terrà e ci sarà un'emorragia? E se il paziente è un vecchio che assomiglia a tuo padre come una goccia d'acqua? Se la paziente è quasi alla fine della gravidanza e ha due guance rosse piene di progesterone e morbide come un'albicocca: chi se la sente di dirle che ha un tumore e che proprio adesso che pensava di allattare dovremo invece toglierle il seno? Avanti, c'è posto. Ma solo per chi se la sente. Per chi è pronto a piangere il mattino dopo, quando troverà la forza di alzare il lenzuolo e guardare per l'ultima volta lo sguardo spento di chi si aspettava un miracolo che non è arrivato, il viso di un uomo che non c'è più e che ora guarda la scena da tutt'altro punto di vista. Che abbia ragione Saramago, il premio Nobel portoghese, che dice che i morti hanno ancora una settimana di tempo dopo il decesso per lasciare circolare la propria anima a piacimento, sedersi non visti a fianco di chi con loro ha vissuto, sentirne i commenti, vederne le reazioni? Noi ce li sentiamo attorno ancora dopo trent'anni, i pensieri dei pazienti per i quali abbiamo pianto e non dormito e giurato che mai più avremmo continuato questo lavoro (riprendendolo puntualmente il giorno dopo, per l'incoraggiamento di tutti quelli che invece ci hanno mandato cartoline da ogni angolo del mondo, ci hanno regalato il vino e il panettone a Natale, il salame per il compleanno, il piatto d'argento per il matrimonio). Beato chi non ha dovuto piangere troppe volte e chi quasi sempre è andato a dormire tranquillo.

Il chirurgo robot

Forse non sarà mai possibile separare la scienza dall'arte, il sapere dall'istinto, il dato biologico dall'emozione che suscita. E forse sta proprio in questo il fascino della medicina, la sua capacità di resistere ai continui tentativi di trasformarla in un puro esercizio tecnico, come se la massima aspirazione del progresso fosse la creazione di una specie di «chirurgo robot», capace di ridurre al minimo il margine di errore umano nelle operazioni.

Ne parlavamo spesso tra noi chirurghi, quando ci imbarcavamo su un aereo (cosa che ai tempi del lancio dell'Istituto Europeo di Oncologia facevamo settimanalmente), rassicurati dal fatto che il viaggio sarebbe stato condotto da un pilota automatico e non dall'umore imprevedibile di un pilota umano, incerto se spingere al massimo i motori per la fretta di rientrare alla base e riabbracciare la fidanzata, o se sorvolare per ore l'irresistibile Parigi facendoci arrivare in ritardo.

«Forse l'idea del chirurgo robot non è male» mi disse un giorno il più stretto dei miei collaboratori, con quel sorriso malizioso che gli veniva quando sapeva di mandare in confusione l'interlocutore «e come potenziale paziente ritengo che andrebbe perseguita...» Finse di prendere un appunto sulla sua agendina microscopica e aggiunse che ne avrebbe parlato con il capo del dipartimento di informatica.

Capii che voleva provocare quella specie di carica magnetica che – tranne in giornate molto particolari come l'anniversario della morte di mio padre o il giorno del mio compleanno – ancora mi pervade al mattino. Mi diceva di avere l'impressione che io mi svegliassi già pensando, e lo attribuiva a una particolare caratteristica delle mie cellule cerebrali, capaci secondo lui di utilizzare il sonno per recuperare energia fisica, senza per questo smettere di elaborare pensieri. Invece, con quell'uscita mi mandò in totale confusione, perché proprio lui mi aveva ringraziato in diverse occasioni per avergli insegnato che la chirurgia del tumore al seno si fondava su una componente creativa quasi artistica, nient'affatto meccanica, e – soprattutto – su un principio di responsabilità piena e diretta.

In effetti la chirurgia rappresenta un paradossale insieme di elementi fra loro diversissimi e a volte addirittura in contrasto. A cominciare proprio dal fatto che essa consiste nel compiere atti che normalmente nuocerebbero enormemente alla persona distesa sul lettino operatorio, ma che invece sono finalizzati al recupero del suo stato di salute e del suo benessere.

Si diventa chirurghi quasi senza accorgersene. Si viene introdotti in sala operatoria dopo un bel po' di preparazione teorica, ma di solito – la prima volta che si vede affondare il bisturi nella carne del paziente – si sviene. Se si capisce che si vuol continuare (e che si è in grado di farlo), si ritorna una seconda volta e si comincia a familiarizzare con l'ambiente, con l'odore di anestetico e di disinfettante, con lo sbattere dei ferri sul tavolino dell'assistente, con il silenzio della tensione, con una radiolina accesa per sdrammatizzare, con le chiacchiere dei chirurghi che apparentemente parlano di calcio, ma in realtà non smettono mai un secondo di pensare a quello che stanno facendo.

Se c'è una cosa di cui sono sicuro, dopo quarant'anni di chirurgia, è che ogni operazione è a suo modo unica. L'anatomia di ognuno di noi è diversa, e così lo sono i rapporti fra gli organi e i tessuti, le dimensioni del tumore da asportare, la durata dell'intervento.

Mi torna in mente ogni tanto, quell'idea del chirurgo robot, ma continuo a considerarla impossibile. In chirurgia, non c'è dubbio, è in crescita l'utilizzo dei robot, delle operazioni a distanza, degli interventi semi-virtuali. Ma resta il fatto che ogni operazione è diversa e non vedo proprio come potremmo «protocollarla», memorizzarla, masterizzarla, riprodurla automaticamente.

Come ho detto diverse volte, non sono religioso. Ma la sala operatoria ha qualcosa del luogo sacro, della chiesa, della sinagoga. Nelle sale operatorie vere, dove si fa della vera chirurgia, si sente palpabile nell'aria un insieme di sensazioni che solo i medici e gli infermieri (i sacerdoti del tempio, in un certo senso) sanno riconoscere. Concentrazione, preparazione, consapevolezza dell'importanza di quello che sta per accadere, spirito di squadra (ogni figura è fondamentale), rispetto dei ruoli, distacco dal mondo esterno.

Nulla di cui vantarsi oltre misura, per carità, ma certo qualcosa di non comune, che pochissimi hanno provato e che difficilmente si può paragonare a qualcos'altro. Qualcosa che, ancora una volta, può sembrare facile ma non lo è per niente, perché per operare un proprio simile bisogna conoscere molto bene come è fatto (e quindi aver studiato qualche anno, non leggiucchiato qualche libro), bisogna saper chiedere il ferro giusto al momento giusto (e quindi conoscerli tutti e molto bene), bisogna sapere in anticipo quale sarà la conseguenza anche del più piccolo movimento. Infine, se non di puro e semplice coraggio, c'è di certo bisogno di una notevole forza psicologica per premere una lama affilatissima sul corpo inerme che ci sta di fronte e asciugare subito, senza emozione, il sangue che esce a fiotti.

Prima di entrare in sala operatoria incrociamo di solito gli occhi pieni di ansia dei parenti del paziente, e sentiamo che quegli sguardi sono un'implorazione («Faccia del suo meglio!»), ma anche un ammonimento («Stia bene attento a quello che farà!»). In sala ci aspettano gli occhi del malato. Hanno una luce diversa, ormai si stanno chiudendo per effetto della preanestesia, e di solito esprimono un fiducioso abbandono («So che farai del tuo meglio e che starai molto attento»). Alla fine dell'intervento, uscendo, il nuovo incontro con gli occhi dei congiunti, ora resi rossi dall'attesa, dall'ansia, magari da un po' di pianto o dal sonno accumulato. Quando tutto è andato bene, è relativamente facile; il sollievo esce spontaneo dalla nostra mente e dal nostro cuore e si trasmette contagioso. Ce l'abbiamo fatta entrambi. Il paziente ha sopportato bene l'operazione e noi abbiamo lavorato senza errori: niente emorragie, niente complicazioni. Vorremmo solo sprofondare in poltrona e chiudere gli occhi per qualche minuto, ma l'ultimo sforzo – quello di spiegare bene ai familiari e agli amici – va ancora fatto.

Quando le cose vanno male, tutto diventa indicibilmente difficile. La frustrazione e l'impotenza trasudano dalle nostre parole, la mente continua a pensare che magari si poteva ancora provare una volta, passando da un'altra parte, magari sacrificando un altro organo. E invece non possiamo far altro che dire: «Non è stato proprio possibile. Mi dispiace. Il tumore è ancora lì, dentro il corpo del vostro caro, attaccato, infiltrato, vittorioso. E non c'è bisturi che lo possa staccare e portar via. Capisco il vostro grande dolore. Vi prego di capire la mia desolazione».

Il chirurgo robot non proverebbe nulla di tutto ciò e, un attimo dopo aver dato la peggiore delle notizie, potrebbe andare a festeggiare il compleanno di suo figlio senza neppure sforzarsi di fingere allegria.

Fortunatamente non abbiamo mai smesso di ribellarci agli insuccessi e lentamente, con gli anni, li stiamo riducendo al minimo. Non ci facciamo più sorprendere da blocchi anatomici o da passaggi impossibili: arriviamo all'intervento con mille informazioni in più di venti anni fa. Studiamo sia il paziente sia la malattia in ogni minimo dettaglio, con macchine e procedure dai nomi brevi e decisi (Tac, Pet, Scan) oppure quasi autorevoli (Risonanza magnetica). Se capiamo che non riusciremmo ad averla vinta, rimandiamo l'intervento, non ci vergogniamo di una temporanea ritirata: non abbiamo bisogno di fingerci supereroi. Studiamo un piano di attacco con altre terapie, farmaci, radiazioni e, quando capiamo che possiamo farcela, entriamo in sala operatoria e – salvo pochissime eccezioni – raggiungiamo il nostro obiettivo: poterne uscire sorridendo. Certi che – almeno per qualche secolo ancora – nessun chirurgo robot potrà essere in grado di cavarsela da solo, senza testa pensante e senz'anima trepidante, nell'infinita complessità della battaglia quotidiana della medicina contro la malattia.

La mia Milano

Ci fu un periodo di quasi un decennio, a cavallo fra la fine degli anni Ottanta e i Novanta, in cui viaggiai davvero moltissimo in tutto il mondo. Gli inviti piovevano ogni giorno da università e centri di ricerca di ogni Paese e andare in aeroporto mi era diventato un gesto naturale.

Venivo soprattutto invitato a presentare i risultati dei miei studi sulla conservazione del seno e quasi senza accorgermene contribuii in tal modo a riposizionare l'Italia nel panorama dei Paesi che contano nella ricerca sul cancro. In particolare, Milano è sempre stata per me il centro del mondo, da quando sono nato.

Avrei potuto anche fare il sindaco di Milano, me lo chiesero in tanti e in diverse occasioni. Ma non me la sono sentita, per tante ragioni. I rappresentanti dei partiti mi lanciarono subito segnali di freddezza per il fatto che non ero «uno di loro», in effetti non conosco granché di procedure amministrative comunali e sarei ben presto diventato ostaggio di più o meno affidabili consiglieri (o consigliori), avrei dovuto lasciare la mia professione di medico senza la quale mi accorgo di non riuscire proprio a vivere.

Così non diventai – e mai diventerò – il primo cittadino della mia amata città. Ma, senza falsa modestia, penso di averla servita con dedizione e fedeltà, di aver almeno in piccola parte contribuito alla sua buona reputazione nel mondo e di aver stimolato la sua crescita in campo scientifico e soprattutto medico. Lei mi ha ricambiato sempre, con grande affetto e calore. Non dimenticherò mai la prima volta che ricevetti l'invito a presenziare alla prima della Scala il giorno di sant'Ambrogio: fu per me un riconoscimento straordinario, un segno di ringraziamento inusitato e ricordo che volli andarci a piedi, nonostante il freddo e i tacchi alti di mia moglie, per assaporare il piacere delle vetrine illuminate di via Manzoni, lungo il tragitto che da casa mia porta al teatro più famoso del mondo.

Milano ha significato anche la coerenza politica, la ricerca di innovazione nella gestione della società. Da giovane avevo partecipato alla Resistenza e mi dichiarai sempre «antifascista». Lo farei anche oggi, ma solo davanti a persone della mia età, perché capisco che il significato profondo di quella espressione si sta lentamente e inesorabilmente perdendo. Ed è bene che sia così, perché quella è una pagina della nostra storia che dobbiamo deciderci a voltare, e quell'«anti» è una connotazione di cui mi voglio liberare. Voglio essere solo «pro» qualcosa e col passare del tempo questo bisogno aumenta sempre più. Mi hanno fatto davvero esultare le recenti parole di Gianfranco Fini sulla profonda ingiustizia delle leggi razziali: che coraggio e che forza possiede la verità!

Non a caso, per molti anni, Milano ha significato anche socialismo. Il senso della giustizia sociale non mi ha mai abbandonato e nella mia città esprimerlo è stato sicuramente più facile che altrove. Il sistema sanitario, per esempio, negli anni Settanta era ancora basato su un patto non scritto fra ospedali pubblici e cliniche private. Negli ospedali pubblici andavano i poveri e i casi difficili, nelle cliniche i ricchi e i casi facili. Nei primissimi anni della mia professione ho lavorato anche in clinica privata, anche perché ebbi la fortuna di essere uno dei chirurghi scelti dall'ordine dei giornalisti che a sua volta aveva un accordo con la «clinica del centro». Ma sono oggi molto fiero del fatto che, dal giorno esatto in cui venni nominato Direttore dell'Istituto dei Tumori di via Venezian, non misi più piede in nessuna clinica privata.

Lo posso dire adesso con tutta tranquillità, lontano dalla competizione professionale, lontano dalle voci di quei colleghi che videro in questo gesto un precedente pericoloso. «Ci criticheranno tutti» mi dicevano infuriati al telefono «perché manteniamo il doppio lavoro: il primariato in ospedale e l'attività privata in clinica. Vuoi fare il puro ma sei solo un comunista!» I meno aggressivi cercavano di prendermi sull'interesse personale e mi mandavano i loro calcoli di quanto avrei guadagnato se avessi continuato ad andare in clinica privata anche solo il sabato mattina.

«Vuoi davvero rinunciare a tutti questi soldi?» insinuavano, facendomi passare un po' per matto.

Cercai a lungo di spiegare che non si era mai visto un dirigente della Fiat che al sabato mattina andasse a lavorare per la Renault, ma presto dovetti arrendermi alle critiche (molto violente anche all'interno dell'istituto) e scegliere un'altra strada. Decisi così di organizzare un reparto di camere private all'interno dell'ospedale, spiegando che anche gli aerei hanno la sezione business e quella economy, con diversi livelli di confort, ma stesso pilota e stessa destinazione.

A questo argomento – in sé così semplice da sembrare oggi quasi banale – i miei avversari non trovarono repliche convincenti e riuscii così a consentire a tutti i miei medici di avere propri pazienti privati senza dover però uscire dall'ospedale e trascurare quindi inevitabilmente i pazienti «della mutua», come si chiamavano allora.

Ho poi seguito questa linea per il resto della mia vita professionale, con il piacere di vederla ratificare dal coraggio della ministra Rosy Bindi, e ponendola come clausola contrattuale per l'assunzione dei medici dell'Istituto Europeo di Oncologia. E ne sono tuttora felice, perché mi diede il piacere di rompere uno dei tanti tabù della nostra società che anche davanti alla malattia stenta a mettere tutti nelle stesse condizioni.

La chiarezza e la linearità di quel comportamento mi diedero una forza interiore inaspettata, un vantaggio psicologico che mi ha sempre aiutato quando poi andavo in televisione o alla radio a chiedere soldi per la ricerca sul cancro.

Ho vissuto anni pienissimi nella Milano socialista e per quanto strano, irreale e fuori tempo possa sembrare, provai vera stima per Bettino Craxi. Capì subito, per esempio, che l'idea di Mitterrand di lanciare un programma europeo contro il cancro era giusta e decise in un batter d'occhio di metterla all'ordine del giorno del Vertice di Milano, la fantastica riunione che organizzò sotto grandi tende bianche al Castello Sforzesco nel giugno 1985, in occasione della fine del semestre di presidenza italiana della commissione europea.

In quell'occasione Craxi mi chiese di preparargli un riassunto del progetto in duecento parole e passai la notte a scrivere e riscrivere quel testo, limando le frasi e cambiando i termini. Al mattino lo affidai ancora una volta al fedele Alberto Costa che lo portò immediatamente alla segreteria del Psi nell'ufficio di piazza Duomo. Immediatamente si fa per dire, visto che ci andò a bordo del suo Velosolex, una di quelle biciclette francesi con un motorino a rullo sulla ruota anteriore.

Il Vertice di Milano fu un grande successo diplomatico, che valse a Craxi la simpatia di Mitterrand e a me e alla Scuola Europea di Oncologia una posizione di vantaggio nella progettazione del programma europeo contro il cancro e nella sua conduzione.

Poi vennero gli anni della tensione e noi che conducevamo una vita normale cominciammo a non capire più che cosa stava accadendo. Forse potrei datare il distacco da Craxi quando incaricò Claudio Martelli di «darmi una sgridata» al telefono, perché la commissione di studio che avevo coordinato sul tema dell'energia era giunta a conclusioni favorevoli alle centrali nucleari. All'epoca la strategia politica del partito portava a potenziare l'Eni, il petrolio e la presenza in Paesi chiave come la Libia, a prescindere dalle argomentazioni scientifiche.

Sono riandato spesso, nella vita, alle parole di Calvino in *Una notte d'inverno un viaggiatore*: «Appartieni – per forza o per amore – al numero di quelli per i quali lavorare vuol dire lavorare sul serio, compiere – intenzionalmente o senza farlo apposta – qualcosa di necessario o almeno di non inutile per gli altri oltre che per sé».

Certo non ho remore a confessare che non saprei vivere senza lavorare, perché ho avuto la straordinaria fortuna di scegliere un lavoro stimolante, utile alla società, capace di far crescere tanti giovani, composito, complesso, in grado di portare sempre qualcosa di nuovo in ogni giorno che comincia.

Un lavoro che è una lotta a tutti gli effetti. Non a caso l'altra grande istituzione nazionale con cui l'Associazione Italiana per la Ricerca sul Cancro condivide il cammino si chiama – da più di ottant'anni – Lega Italiana per la Lotta contro i Tumori.

La ricerca è innovazione e la scoperta del nuovo porta a dover lottare contro l'abitudine e lo status quo, la curiosità diventa facilmente lotta contro i dogmi, la creatività diventa lotta contro la noia.

È una lotta che chiede tutto il nostro impegno, che non ci permette di risparmiarci. E io per primo mi sforzo in ogni modo per non concedermi riposo. Per questo sono ben consapevole di quanto sia difficile lavorare con uno come me. Eppure ogni tanto penso: sono davvero così irremovibile? Così inflessibile? Ricordo molto bene quando, dopo tanti anni di collaborazione, Alberto Costa venne a trovarmi un mattino di febbraio. Aveva ricevuto delle offerte di lavoro dalla Svizzera e dall'Irlanda e, visto che ormai si sentiva lontano dai salotti buoni della scienza e della medicina italiane, aveva deciso di lasciare il Paese. Apparentemente non ci fu nessuna emozione, né passò tra noi alcuna vibrazione. Cercai di sorridergli come sempre e di concentrarmi su cose un po' assurde, come il piacere mattutino di una camicia fresca sulla pelle. Misi tantissimo zucchero nel caffè, come mia abitudine, e provai a fare ordine sul mio tavolo coperto di carte, come per stemperare l'imbarazzo della separazione.

Due anni dopo, Alberto mi disse che col tempo quel mattino aveva assunto un grande significato nella sua memoria: il distacco fisico non solo da me ma dal nostro istituto, dai nostri luoghi di lavoro comune, fece sì che il suo cuore scordasse e che la sua mente dimenticasse. Si sentì al contempo pesante come le gambe di un vecchio e leggero come un aeroplanino di carta. Da quel giorno, mi disse, ebbe la sensazione che il nostro rapporto potesse divenire più sereno e più creativo che in passato. E aggiunse, quasi sottovoce, che – sempre in quei giorni – Saturno stava per completare il suo ciclo di ventotto anni, affrettandosi subito a dichiarare, sorridendo, di non aver dimenticato che io di astrologia non ne voglio sentir parlare.

Del resto le separazioni, quando ponderate e consensuali, non sono altro che il naturale sviluppo di un progetto in continua evoluzione. E in effetti furono anni di grande impegno ed entusiasmo quelli che passammo a far crescere e a consolidare il nostro gruppo, mentre Milano – certo non casualmente – diventava la capitale della ricerca biomedica italiana. Alle istituzioni storiche come l’università (con il suo mitico Istituto di farmacologia che sfornò i Mantegazza, i Trabucchi e i Paoletti) e i grandi ospedali cittadini (la Ca’ Granda e l’Istituto dei Tumori inaugurato cinquant’anni prima dal re Vittorio Emanuele III), si erano aggiunti i primi frutti dell’imprenditorialità e dell’iniziativa privata, come l’Istituto Mario Negri e quelli della coerenza e della perseveranza cattolica, come il San Raffaele di don Verzé.

Per noi della ricerca sul cancro ci furono anche altri due grandi vantaggi: a Milano aveva sede la più grande industria farmaceutica italiana dell’epoca, Farmitalia, e fu sempre a Milano che nacque l’Airc, l’Associazione Italiana per la Ricerca sul Cancro. Farmitalia aveva avuto la fortuna di brevettare un antibiotico tutto italiano dotato di una sorprendente attività antitumorale, chiamato adriamicina perché prodotto da un microorganismo che viveva nelle spiagge adriatiche della Puglia. L’adriamicina fu per quasi vent’anni il più potente farmaco contro il cancro della mammella e contro altri tipi di tumore che vennero studiati con grande successo all’Istituto dei Tumori.

Oggi Farmitalia non c’è più, ma all’epoca era arrivata a espandersi fino negli Stati Uniti, sotto il nome di Adria Laboratories. I suoi dirigenti (e tra i tanti va ricordato almeno Lamberto Andreotti, non fosse altro perché è rimasto là e continua imperterrito a tener altro il nostro tricolore in mezzo a tante stelle e strisce) usavano dire che l'azienda non aveva un reparto marketing in quanto non ce n'era bisogno. Il farmaco era così potente e così nettamente superiore a tutti gli altri che a loro bastava che i medici studiassero l'oncologia, perché poi l'avrebbero inevitabilmente ordinato per i propri pazienti. Farmitalia aiutò molto la nostra Scuola Europea e ne consentì il decollo e la promozione a livello internazionale.

Dell'Airc si è già scritto tutto, ma non sempre si ricorda che è anch'essa cittadina milanese. Nata sotto la Madunina dal più genuino senso del dovere e del lavoro meneghino, oggi conta due milioni di soci, anche più dell'Aci. L'Airc ha sostenuto la ricerca italiana sul cancro quanto lo Stato, se non di più, e senza di essa il nostro Paese non sarebbe tra i primi cinque produttori al mondo di conoscenze scientifiche sul cancro. Con tutti i miei collaboratori e colleghi, primo fra tutti Beppe Della Porta, ho profuso tanto impegno nell'Airc, sostenendola in ognuna di quelle iniziative che l'hanno resa nota agli italiani: le campagne per le arance della salute, per l'azalea della festa della mamma e per la giornata nazionale della ricerca.

Lezioni americane

A dire il vero, con tutto il bene che voglio a Milano, New York sarà sempre – con Parigi e Londra – una delle città a cui sono più legato. Manhattan ha sempre saputo darmi delle emozioni e me le dà anche oggi che molto è cambiato: dopo l'11 settembre nulla è più come prima, non fosse altro che il profilo dei grattacieli ha quelle due assenze, quel doppio vuoto che si sentirà fino a quando spariranno le generazioni che, come la mia, ricordano ancora il prima.

Ma quel mattino del 1973, quando scendevo a passo svelto lungo la Madison Avenue per andare dall'avvocato che si era offerto di aiutarmi, non pensavo al passato. Sentivo su di me l'effetto inebriante del primo giorno con il cambio di fuso orario; alle otto del mattino mi sentivo come a metà giornata e il mio corpo si godeva un pieno stato di veglia nonostante si trovasse in un mondo per cui il giorno era da poco cominciato.

L'avvocato aveva capito il mio problema. Non ce la facevamo più a mandare i nostri ragazzi a studiare nei migliori laboratori d'America e a mantenerli lì mandando da Milano le nostre lire che, una volta cambiate in dollari, non bastavano mai. Quando si fece strada nella mia mente, la soluzione mi sembrò semplice: occorreva raccogliere dollari. E come si fa a raccogliere dollari a New York per la nobile causa del sostegno alla ricerca italiana sul cancro?

«Si deve avere una *charity*» mi disse l'avvocato davanti al suo caldissimo caffè brodoso «perché senza beneficio fiscale nessuno di regala nulla.»

«E come si fa ad avere una *charity*?»

«Occorre un nome accattivante, un ufficio e soprattutto qualcuno di importante che dica pubblicamente: "Io ci sto".»

Il nome l'avevo in testa fin dalla partenza da Milano: American Italian Foundation for Cancer Research, la ricerca dell'ufficio non mi spaventava e di nomi importanti ne trovai addirittura due (con la solita fortuna, dirà più d'uno): Alessandro Cordero di Montezemolo e Anna Bulgari.

Alessandro non aveva neanche dieci anni più di me, ma era già uno degli italiani più famosi d'America. Aristocratico piemontese, antifascista ma fedele alla Casa Reale, era stato «scoperto» niente meno che da Eisenhower che lo prese tra i suoi consiglieri negli anni difficili dell'immediato dopoguerra. Alessandro fece tutta la carriera nella società americana fino a diventare presidente della Marsh&McLennan, potentissima compagnia di assicurazione. Sposò la bellissima Katherine, direttrice di «Vogue», e presto prese casa a Long Island.

Lo incontrai nel suo ufficio al non so più quale piano del grattacielo della sua società. Da una porta invisibile nel muro usciva ed entrava il cameriere in guanti bianchi che ci serviva sogliola e spinaci. Alessandro mi insegnò subito la legge americana degli acronimi.

«La gente non ha tempo qui, quindi non ama i nomi lunghi e usa gli acronimi, Usa per United States of America e Nci per National Cancer Institute. La tua Fondazione, caro Umberto, ha già un problema prima ancora di nascere: un nome che non consente l'acronimo! Che cosa vien fuori da American Italian Foundation for Cancer Research? Aifcr? È impronunciabile. Ti racconto l'aneddoto di come non dimenticare mai che bisogna andare al sodo.»

Un tizio ha quattro soldi da parte e decide di aprire una pescheria sulla Lexington Avenue e come prima cosa ordina l'insegna da affiggere all'ingresso: «Fresh fish sold here». L'addetto alla tipografia, con molto rispetto, ma altrettanta fermezza, comincia a dirgli: «Signore, non vorrà mica che si pensi che a New York si possa vendere impunemente del pesce non fresco, vero? Bene, allora "fresh" è inutile».

Passa un collega e vede il testo, sorride e dice: «Come "sold"? È ovvio! Conosce forse dei negozi dove il pesce lo regalano?».

Il futuro negoziante comincia a capire e sbotta: «E allora perché "here"? Dove altro dovrebbe essere venduto il mio pesce se non nel mio negozio?».

Rimase quindi con una bella targa «Fish» che appese sopra montagne di pesci freschi appena consegnati dal porto, e i clienti per anni fecero finta di offendersi chiedendogli perché avesse buttato soldi per piazzare la scritta «Fish» sopra una montagna di pesci. Pensava forse che qualcuno gli avrebbe chiesto delle mele?

Non dimenticai mai questa lezione (come tutte quelle di Alessandro, che ormai purtroppo non ne può più dare) e uscii da quell'incontro con la sua firma di sostegno a favore dell'American Italian Cancer Foundation, Aicf, *ei ai si ef*, un bellissimo acronimo che ancora oggi evoca rispetto e ammirazione.

Anna Bulgari non aveva bisogno di presentazione, visto il nome che portava (e che porta ancora). Il suo sorriso, mai cambiato negli anni, mi parve da subito quello di una grande attrice americana. Ricordo nitidamente una sua fotografia nell'ingresso della sua casa di Park Avenue che la ritraeva seduta (forse sull'erba) con una stupenda grande gonna a fiori tutta intorno a lei.

Con lei le cose furono, se possibile, anche più semplici che con Alessandro. Anna non ebbe un attimo di esitazione, non mi diede lezioni: solo un bacio di buona fortuna. Ancora oggi, quasi venticinque anni dopo il nostro primo incontro, mantiene costante il suo impegno per la nostra Fondazione, passa regolarmente in ufficio a vedere se occorre una mano, e per fare quelle telefonate di cui abbiamo bisogno e che solo lei può fare.

Lo sviluppo della Fondazione americana fu uno degli obiettivi cui mi dedicai, assieme ad Alberto, con maggior passione. Partimmo grazie a una prima donazione messa a disposizione dall'Associazione Italiana per la Ricerca sul Cancro, allora presieduta dal grande Guido Venosta, e presto cominciammo a vedere i risultati. Ci tenevamo molto in contatto all'epoca, tra Milano e New York, molto più di adesso, in proporzione, forse perché non c'erano queste benedette email che rendono tutto così uguale. Una lettera dall'America era una lettera dall'America, aveva il timbro blu e la testa d'aquila della US Mail, un formato diverso dai nostri, portava con sé le tracce del lungo viaggio anche se era stato fatto in aereo e non più in nave come anni prima.

Grazie a questi rapporti continui e strettissimi, riuscimmo a dare il via alla tradizione del nostro stupendo Annual charity dinner. Una cena annuale, appunto, cui bisognava pagare non poco per poter entrare e avere un posto a tavola. Si teneva all'Hotel Pierre o in altri grandi alberghi di Manhattan ed era preceduta da un'asta benefica a nostro favore. Dopo tanti anni è ancora così ed è stupefacente osservare come signori impettiti nei loro smoking e signore dai décolleté mozzafiato si contendono a colpi di centinaia se non di migliaia di dollari oggetti giunti dall'Italia e pieni del fascino dei loro nomi eterni: un gioiello di Bulgari, una Vespa argentata, un paio di sandali di Ferragamo, preziosi occhiali Luxottica, magnifiche bottiglie di Brunello di Montalcino.

La Fondazione ha aiutato ormai decine e forse centinaia di giovani ricercatori italiani a trovare la loro strada tramite un periodo più o meno lungo in un laboratorio o in un ospedale americano. L'impegno non è mai mancato, da entrambe le parti, anche nei periodi più bui dell'antieuropeismo americano o dell'antiamericanismo di casa nostra. Il dialogo non si è mai interrotto e forse ora è destinato a farsi più intenso. Quasi il novanta per cento di ciò che sappiamo del cancro e dei possibili modi di curarlo viene dagli Studi Uniti e dall'Europa e questa, nel bene e nel male, è una responsabilità enorme.

Oggi prestiamo tutti molta attenzione alle nuove conoscenze e al sapere che viene dal cosiddetto «mondo emergente» e in particolare da India e Cina. Ma credo che ancora per molto tempo la scienza biomedica e la ricerca farmacologica resteranno americane ed europee e che difficilmente altri Paesi potranno colmare il gap che li separa dagli Stati Uniti dopo i loro ineguagliati investimenti nella ricerca. Pochi sanno, tra l'altro, che fu proprio il tanto odiato Richard Nixon a inaugurare, nel 1973, il National Cancer Act, il primo piano nazionale contro il cancro che, un po' come quello della Nasa per la missione lunare, ci avrebbe dovuto portare in tempi brevi a una conquista epocale. Sulla nostra luna, quella della guarigione, non siamo ancora arrivati, ma il progresso è stato comunque enorme.

Di questi anni di successi, mi rimane un solo quasi rimpianto: non essere riuscito a far diventare la Fondazione «American-Italian» in senso letterale, cioè coinvolgendo anche gli amici dell'America Latina, dove gli italiani hanno avuto altrettanto successo, senza rovinarsi la reputazione con i Gotti e gli Al Capone, e dove l'amore per il nostro Paese rimane immutato anche dopo tre o quattro generazioni. Sono stato infinite volte soprattutto in Argentina e in Brasile e, anche se in quei Paesi non ho raggiunto la notorietà di un Eros Ramazzotti, sono sempre rimasto strabiliato dal numero di colleghi che ogni volta venivano ad ascoltare le mie conferenze, con una attenzione e una passione che certo non ricevono i miei colleghi bostoniani e californiani.

Difficile essere italiano

Non era facile essere italiani nella medicina europea degli anni Settanta. «*Ciòpero?*» ci chiedevano ogni volta che arrivavamo in ritardo a una riunione i colleghi olandesi, tedeschi, austriaci che non riuscivano a pronunciare il suono «sci», ma che sapevano bene di cosa parlavano. Aggiravamo le difficoltà degli aeroporti milanesi (in verità dovute più alla nebbia che agli scioperi) partendo al mattino presto dalla piccola pista di Agno in Canton Ticino, cui saremo sempre grati, per Zurigo e Ginevra, e da lì per il resto del mondo. Dal 1975 in poi abbiamo praticamente sempre volato con Alitalia, anche se i colleghi stranieri ci prendevano in giro e dicevano che Alitalia era l'acronimo di *Always Late In Take off, Always Late In Arrivals*. Ma siamo anche stati ricambiati con tante premure e cortesie, buttati all'ultimo secondo su aerei che avevano ormai la porta semichiusa, accettati con biglietti che avremmo poi corretto all'arrivo, serviti di doppio pasto quando si capiva che non mangiavamo dalla sera prima...

Col passare degli anni il mio volto divenne sempre più noto, e i responsabili di bordo mi riconoscevano e cercavano un posto buono per «le gambe lunghe del Professore», i comandanti mi invitavano spesso in cabina di pilotaggio. Noi, in compenso (non solo io ma anche tutti i miei collaboratori), ci siamo sentiti per anni già a casa ogni volta che abbiamo visto una giacca verde e una gonna blu delle «nostre» hostess.

Non era facile essere italiani perché tutto era sempre in una lingua che non era la nostra, all'inizio francese e inglese, poi solo inglese. Le procedure erano molto diverse da quelle di casa nostra, come sa qualunque italiano che abbia lavorato a livello internazionale in quegli anni, al punto che alla fine ci sentivamo sempre fuori posto: all'estero perché eravamo italiani, in Italia perché in campo medico-scientifico la superiorità dell'approccio anglosassone ci fu subito chiara.

Per farci rispettare dovevamo quasi sempre lavorare il doppio, come le donne, che infatti, ridendo, ci dicevano: «Così almeno provate quello che succede a noi quando vogliamo affermarci in un mondo di maschi!».

Ma il nostro gruppo ce l'ha fatta ogni volta ad affermarsi, forse perché ha lavorato più del doppio di tutti gli altri. Tutti videro, in quel luglio del 1981, l'articolo di prima pagina del «New York Times» che parlava in quattro colonne dell'*Italian surgeon* che aveva trovato il modo di operare il cancro al seno senza più togliere la mammella, e tutti cominciarono a guardarmi con occhi diversi. Gli stessi occhi con cui vedevano che alla fine della cena il conto lo pagavamo di tasca nostra e non lo mandavamo all'amministrazione dell'istituto, anche se eravamo allo Chat Botté di Ginevra.

Tutti capirono subito che avevamo ragione, a Bethesda, vicino a Washington, nelle stanze dell'immenso quartier generale americano della ricerca sul cancro, quando sostenevamo che si poteva studiare la capacità preventiva di un analogo sintetico della vitamina A somministrandolo a volontarie che avevano avuto un tumore al seno di tipo poco aggressivo. Venti anni dopo i numeri ci hanno dato ragione, e con essi i ricercatori di tutto il mondo.

Uso il plurale perché nulla di ciò che ho realizzato professionalmente può essere attribuito esclusivamente a me come singola persona. Ogni ricerca, ogni progetto, ogni programma ha richiesto una squadra, di cui sono sempre stato con onore l'allenatore e il capitano, ma che non avrebbe potuto ottenere tante vittorie senza il contributo di ognuno dei suoi membri. Come nel marzo del 1973, quando cominciammo con terribile emozione la ricerca che avrebbe portato alla dimostrazione che non occorreva asportare il seno nei casi di piccoli tumori.

Non dimenticherò mai una delle prime volontarie che volle essere operata con la mia tecnica innovativa. Era un'attrice di teatro specializzata in Goldoni. Ricordo il fervore con cui spiegava a me e ai miei colleghi che nelle *Baruffe chiozzotte* doveva litigare con le altre donne, e indossare quelle belle camicie dall'ampia scollatura che mostravano il seno generosamente. «Non posso recitare senza seno» ci diceva «e non posso vivere senza il teatro. Quindi fate quello che volete ma non permettetevi di togliermi la mammella.»

Quello studio ebbe un grande impatto, al di là del cambiamento profondo nelle tecniche chirurgiche. Esso fornì per la prima volta – e finalmente – un incentivo alle donne a presentarsi presto dal medico in presenza di un nodulo al seno. Fino a quando la cura aveva implicato necessariamente l'asportazione totale della mammella, tanto valeva rimandare il più possibile: col passare del tempo la femminilità sarebbe svanita per sempre e l'asportazione sarebbe stato un sacrificio più tollerabile. Ma appena fu chiaro che facendosi operare quando il tumore era ancora piccolo il seno poteva essere salvato, un numero sempre più elevato di donne decise che davvero valeva la pena di controllarsi attentamente, di farsi visitare dal proprio medico, di fare la mammografia e l'ecografia regolarmente.

Visto poi che i tumori piccoli sono anche quelli che hanno maggiori probabilità di guarire, gli effetti della nostra «scoperta» si fecero sentire nel giro di dieci anni anche sulle statistiche di mortalità, che cominciarono appunto a migliorare perché sempre più donne venivano operate in fase iniziale.

È semplicemente così che, quasi senza accorgermene, cominciai a diventare un personaggio pubblico: «il Veronesi del cancro» come scrisse una volta Giorgio Bocca, dipingendomi generosamente come l'uomo della speranza e del sorriso.

Ma di semplice in realtà non c'era nulla perché per raggiungere quei traguardi avevamo dovuto imparare – come il Siddharta di Herman Hesse – ad aspettare, a digiunare e a meditare. Temo di non essere mai riuscito, per esempio, a far comprendere pienamente il significato e il peso dell'attesa nella ricerca scientifica. A far riflettere il mio interlocutore sul fatto che ogni volta che si comincia un esperimento il tempo che deve passare per verificarne la validità è sempre interminabile. Se si tratta di una prova di laboratorio possono a volte bastare poche settimane – e vi assicuro che sembrano anni –, ma se la ricerca è di tipo clinico e si vuole dimostrare che un metodo di cura è migliore di un altro, devono passare davvero molti anni. Se il risultato sarà positivo, grandi feste, ma se sarà negativo, vi sembrerà che vi abbiano portato via un pezzo di vita.

Il «saper digiunare» non va interpretato in modo simbolico. È un'abilità che abbiamo dovuto imparare tutti molto presto, perché il cancro non fa «pausa pranzo» e perché a noi il tempo non basta mai. Visti alla fine di qualche ricerca di successo, magari in smoking a ritirare un premio in America o sorridenti in televisione, sembra quasi che la nostra vita sia un gioco da ragazzi. Ma dei ragazzi abbiamo solo l'ostinazione, a volte l'incoscienza, l'entusiasmo e la resistenza. Il resto è digiuno. Poco sonno, poco cibo, poche vacanze, zero televisione, zero shopping. Nulla di monastico, per carità, ma certo – lasciatemelo dire almeno una volta – un ritmo di vita a cui ben pochi hanno resistito.

Aspettare, digiunare, meditare.

Per molto tempo, e soprattutto negli anni Ottanta, le idee mi venivano quando gli altri dormivano.

Quando andavamo alle riunioni a Bethesda i miei assistenti scendevano di corsa dal volo Milano-New York per proseguire subito con lo shuttle per Washington, perché il fuso orario li riempiva dell'ansia di non essere poi efficienti il giorno seguente. Io invece non resistevo al fascino della Grande Mela, li salutavo, prendevo un taxi giallo e me ne andavo a Broadway, a teatro. L'ho sempre fatto e il mattino dopo sono sempre arrivato alle otto in punto, con qualche ora di sonno in meno, ma con molte idee in più.

D'altra parte, imparai molto presto a cogliere qualunque occasione per dormire un po' e pochi minuti mi sono sempre bastati per recuperare. Ricordo la faccia del mio assistente quando una volta, per scherzo ovviamente, gli dissi che stavo imparando a dormire ai semafori per la durata del rosso o nei tratti rettilinei di quei percorsi che conoscevo ormai a menadito, metro per metro.

Ma in realtà era soprattutto dopo i sonni brevi e intensi che avevo le migliori intuizioni o che lo sguardo mentale si acuiva al punto da trovare di colpo l'unico dato importante in una pubblicazione di molte pagine. Come quando in un annuario statistico gigantesco scoprii che in Italia vi erano decine di migliaia di donne cui era stato tolto l'utero per fibroma. Era l'uovo di Colombo, per me che cercavo come studiare un farmaco che aveva grandi potenzialità di prevenzione del tumore al seno ma che poteva essere addirittura cancerogeno per l'utero. Grazie a quell'idea il mio gruppo prese di nuovo tutti in contropiede. Se sull'argomento esistono oggi solo tre studi al mondo, uno inglese uno americano e uno italiano, è perché noi che avevamo meno soldi di tutti, meno sostegno organizzativo, meno supporto amministrativo, avevamo però avuto l'idea migliore per garantire alle volontarie che vi parteciparono la sicurezza assoluta di non correre alcun rischio. Difficile essere italiano nel mondo della scienza, ma quando va bene è molto meglio che essere americano, perché l'ammirazione con cui guarderanno ai vostri risultati non avrà paragoni.

Dieci minuti prima di tutto

Alberto lo aveva definito scherzosamente Sap, Stato di Allerta Permanente, quella specie di «presenza di spirito» che mi ha sempre accompagnato e che lui ha poi evidentemente un po' ereditato. Qualcosa di simile alla capacità della madre di intuire che il bambino si farà male se continua a fare quel gioco. Quell'abilità che il padre non capisce, quel senso che non possiede e che lo fa continuare a leggere il giornale fino a che il bambino in effetti si fa male.

È forse una delle doti rare che la natura ha deciso di darmi, bontà sua, una sorta di capacità di vivere il presente in modo intenso e assoluto e nello stesso tempo di essere sempre proiettato nel futuro per poterlo in qualche modo anticipare e controllare.

Se si era in marzo e si parlava di un evento che dovevamo preparare per ottobre, non riuscivo certo a trattenermi dal ripetere a ogni riunione «ottobre è domani» e a comportarmi di conseguenza. Non ricordo neppure una riunione in trent'anni in cui non mi sia presentato nella sala almeno un quarto d'ora prima per controllarne la disposizione, per variarla se necessario, per acclimatarmi in modo da avere una specie di «vantaggio ambientale» sugli altri che, anche se puntuali, sarebbero comunque stati «accolti» da me e dai miei, già occupanti del territorio.

Come spinto da un impulso più forte di me, alle sedute operatorie delle otto sono sempre arrivato alle otto meno un quarto, con il risultato di essere già pronto all'arrivo dell'anestesista, con il vantaggio di non essere mai trafelato, di poter scambiare quattro chiacchiere con gli infermieri e con i pazienti in attesa.

Se è vero che un quarto d'ora o dieci minuti non cambiano nulla, è anche vero che è meglio averli che non averli, perché in un quarto d'ora o dieci minuti molte cose possono accadere.

Dicono i miei collaboratori che essere in Sap, in Stato di Allerta Permanente, significa anche capire prima degli altri dove andrà a parare il ragionamento dell'avversario, significa trovare subito l'unica frase che conta in un rapporto di cinquanta pagine, o essere già al binario da cui partirà il treno alternativo quando gli altri stanno ancora sotto il tabellone a cercare la riga della loro destinazione.

Ma significa anche riconoscere l'ansia della paziente e il momento in cui ha bisogno di essere rassicurata, intravedere la malinconia nello sguardo del collega venuto dall'altra parte del mondo con una borsa di studio e dirgli due parole nella sua lingua per farlo sorridere.

Essere in Sap, tuttavia, ha anche degli svantaggi. Sostanzialmente si viene privati della possibilità di rilassarsi, di lasciarsi andare, di smettere di tenere sempre la situazione sotto controllo. Solo le donne e i bambini hanno il potere di interrompere il Sap e per questo li ho entrambi tanto amati. Ogni volta che tornavo da un congresso mi pareva che i miei figli fossero molto cambiati. E un congresso per me significava al massimo due giorni, visto che ho anche avuto la fortuna di una sorprendente resistenza psicofisica che mi ha sempre permesso di forzare i tempi biologici, e di andare magari fino al Cairo solo per una cena o fino a Tokyo solo per un'ora di lezione all'università.

Riguardo alle fasi lunghe, invece, la mia percezione del tempo è sempre stata diversa. Per le vacanze estive, per esempio, sono sempre partito il primo agosto oppure, al massimo, la notte del 31 luglio. Ai colleghi più giovani, che mi prendevano un po' in giro, usavo rispondere che non si va in ferie fino a che non chiude la Fiat e così ho sempre fatto.

In un'epoca ancora priva di email e cellulari, provavo un sottile piacere a ricevere dai miei più fedeli collaboratori i testi che aspettavo da uffici postali di improbabili luoghi di vacanza, un tempo per telex, poi per fax. In quegli anni, in Italia, nel mese di agosto si fermava davvero quasi tutto. Scoprii lo stesso senso di disagio molto tempo dopo, lavorando in Egitto, un giorno in cui l'autista dell'ambasciata mi confessò la sua desolazione nel vedere il suo Paese fermo per tante settimane ogni anno per via del Ramadan, mentre il resto del mondo continuava a produrre e a crescere. È come dover stare ogni volta fermi un giro a un gioco di società, mi diceva, non riuscendo nel contempo a celare la sua ammirazione per il fatto che avevo lasciato la nostra fantastica Milano (dove per anni aveva lavorato come cameriere) per venire a organizzare il primo programma di diagnosi precoce del tumore al seno in un Paese arabo.

Quella egiziana è stata una ricerca di cui ancora oggi vado molto fiero e che ho sostenuto anche finanziariamente con la mia Fondazione. Un incredibile, meticoloso lavoro di contatto porta a porta con decine di migliaia di donne del quartiere del Cairo dove sorge l'Ospedale italiano, un'idea lanciata dalla moglie del nostro ambasciatore e poi sviluppata da medici del mio istituto, volontari, benefattori. Uno studio che ha dato a tanti Paesi la tecnica per cominciare a ridurre il numero di casi troppo avanzati anche senza poter disporre di apparecchiature sofisticate e di centri di ricerca costosi. Oggi è applicato in Sudan e Yemen e il nostro legame con quei colleghi è diventato sempre più profondo, tanto che insieme abbiamo fondato la Scuola Euro-Araba di Oncologia, con grande reciproca soddisfazione.

L'autista aveva ragione e comprendevo la sua frustrazione, ma la verità era che gli agosti caldi e sonnolenti, i Ramadan italiani, divennero invece per noi, con gli anni, una manna dal cielo. Liberi dalla routine e dalle pressioni esterne, ci dedicavamo finalmente al pensiero, alla riflessione, ai consuntivi e ai programmi. Il postino che mi portava la corrispondenza da Milano alla grande casa sul Monte Argentario veniva regolarmente accolto in modo festoso e riceveva un plico pieno di manoscritti e lavori scientifici completati da rispedire a Milano. Quel lavoro estivo ci avrebbe tenuto al passo, facendo sì che ci trovassimo pronti ai primi di settembre e non perdessimo mai il contatto con il resto del mondo che, a differenza della Fiat, non chiudeva mai.

I giorni di Roma

«Se fai realmente parte degli eletti stai attento alla maniera con cui ottieni il potere» scrive Costantinos Kavafis in *Cinquantacinque poesie*. Fu quello il libro che misi in borsa quel mattino della primavera 2000, quando andai a Roma per il giuramento del governo presieduto da Giuliano Amato. I giornali riportarono con molta evidenza il fatto che «il neoministro della Sanità Veronesi arriva al Quirinale in taxi» e da lì mi resi conto subito di quanto pia fosse la mia illusione di mantenere le mie abitudini di sempre.

Non avevo potuto dire di no a Giuliano Amato, quando mi chiamò quel mattino del 25 aprile chiedendomi in modo diretto di entrare a far parte del suo governo tecnico. Risposi «lasciami pensare» per prendere un po' di tempo, senza realizzare che per un politico la mia risposta equivaleva a un sì. Feci un giro di telefonate fra i miei più stretti collaboratori, ma già alla sera, mentre ne stavo parlando con i miei figli a tavola, la tv annunciava la formazione del nuovo governo con me ministro della Sanità. Mi riproposi di partire per Roma e di cominciare la mia esperienza politica mettendo in pratica la massima che tanto mi aveva colpito nell'atrio di ingresso del «New York Times»: «Non tutto ciò che è vero deve essere detto, ma tutto ciò che è detto deve essere vero». Ben presto scoprii che non era possibile.

Non che fossi nuovo di Roma, visto che già da trent'anni appartenevo a quella specie di città viaggiante che si sposta continuamente fra Milano e la capitale, spesso affollando i voli del mattino presto e quelli della sera tardi, in entrambe le direzioni. Ci si riconosce, ci si saluta, ci si sorride con la complicità di chi appartiene alla stessa «banda», allo stesso «giro», forse anche, come si direbbe oggi, alla stessa «casta».

Ho un amico che vive a NyLon, la città virtuale di quelli che lavorano tra New York e Londra: si incontrano ogni lunedì mattina e ogni venerdì sera, fanno affari in volo, si innamorano, si scambiano informazioni. La nostra Linate-Fiumicino non avrà un oceano di mezzo, ma come rotta del potere – politico, culturale, giornalistico – si difende bene. Dicono che abbia poche rivali in Europa e che conti comunque più della Parigi-Lione e della Barcellona-Madrid.

Ho fatto il mio ingresso nella città viaggiante della Milano-Roma nel 1979 quando, con decisione piuttosto inaspettata, mi venne affidata dal Cnr, il Consiglio Nazionale delle Ricerche, la direzione del primo piano strategico quinquennale in campo oncologico. Il progetto che fui chiamato a dirigere era denominato Controllo della Crescita Neoplastica e, obiettivamente, segnò l'inizio della rinascita dell'oncologia italiana, anche grazie all'enorme energia che vi profuse

Giorgio Prodi, uno dei fratelli di Romano, professore all'università di Bologna e grande studioso del fenomeno cancro. Fu proprio allora che nacque la profonda collaborazione con Alberto Costa.

La sede del Cnr a Roma è un palazzone bianco di architettura fascista, situato a quei tempi in una piazza chiamata «delle Scienze» e oggi dedicata ad Aldo Moro. Mi piaceva addentrarmi nel labirinto dei suoi corridoi, cercare l'aula della riunione, respirare quell'aria tutta romana di potere. Capii che in effetti avrei potuto portare qualche idea nuova e cominciare ad agire con logiche un po' diverse, ma compresi molto presto che non sarebbe stato un lavoro facile. Infatti, fin dalla prima riunione di budget, ci fecero intendere che certe regole andavano rispettate e che esse passavano per la necessità di «sostenere il Meridione», di «rispettare le tradizioni universitarie», di «tener conto dei rapporti di forza e delle parentele». Mi parlavano come si parla a un turista sprovveduto appena arrivato su un'isola che non conosce e fu subito chiaro che fare il don Chisciotte di turno non sarebbe servito a molto.

Mi decisi così a giocare d'anticipo e chiesi apertamente quale fosse la percentuale del budget che i miei interlocutori ritenevano giusta per garantire «il rispetto delle regole». Forse per timore di sembrare apertamente esosi, forse perché invece erano consapevoli dell'indifendibilità di una posizione troppo oltranzista, fatto sta che quasi senza dirlo concordammo un sette per cento da destinare ai vari «non possiamo non finanziare...», con l'incredibile risultato di poter assegnare il novantatré per cento dei finanziamenti disponibili – più di centocinquanta miliardi di lire, mica noccioline – con criteri meritocratici e di priorità.

Gli effetti positivi di questo sforzo non tardarono a farsi sentire, i laboratori dei grandi istituti di Roma, Genova, Napoli, Bari e – naturalmente – Milano cominciarono a ricevere macchinari nuovi, aperture di credito, investimenti anche dall'estero e dall'industria. L'Italietta cenerentola della scienza cominciò a risalire la china dell'*impact factor*, il fattore di impatto calcolato in America, a Philadelphia, in base al quale ogni anno vengono assegnate le varie posizioni nella classifica mondiale dei produttori di conoscenza e di sapere.

L'esperienza fu talmente positiva – e di questo successo divido con piacere il merito con tutti i colleghi del comitato scientifico – che mi furono affidati altri due progetti finalizzati all'oncologia, per un totale di quindici anni di finanziamento pubblico mirato ed efficiente nella ricerca sul cancro, al termine del quale l'oncologia italiana non fu mai più la stessa. La nostra soddisfazione fu straordinaria quando un giornalista della Bbc disse che, se proprio uno doveva ammalarsi di tumore, era meglio che lo facesse in Italia, dove almeno avrebbe potuto essere curato nel migliore dei modi.

Grazie a quello sforzo tutto «romano» nella sua concezione e nel suo sviluppo, l'intero Paese infatti beneficiò del rinnovamento delle strutture oncologiche e della nascita di nuovi presìdi in zone fino ad allora ignorate, come tuttora stanno a dimostrare l'Istituto oncologico di Aviano, in Friuli, località che tutti conoscono solo per la base militare, o quello di Rionero in Vulture, in una delle aree più dimenticate del nostro Meridione.

Di quell'esperienza mi rimane solo un grande rimpianto: non essere riusciti a dotare la Sicilia di un centro tumori completo. Le provai tutte, per diversi anni, compresa la competizione con le autorità locali «ad armi pari», come quella sera a Catania, quando mangiai uno dopo l'altro quattro piatti di spaghetti alla marinara a costo di passare la notte a rivoltarmi nel letto, pur di lasciare allibiti i miei ospiti e farmi accettare come uno di loro.

Fare il ministro fu molto impegnativo, anche se Roma mi diede in cambio un periodo indimenticabile. Come appariva piccola Milano a ogni ritorno, come sembravano strette le strade e angusti gli spazi verdi!

Il difficile del fare il ministro stava nel ritrovarsi parte di un governo in cui operavano colleghi che avevano idee molto diverse se non opposte alle mie (sul nucleare, sugli Ogm, sul testamento biologico), ma soprattutto nel dover decidere facendosi largo nell'inestricabile ragnatela dei veti incrociati, dei conflitti di competenza, delle resistenze al cambiamento costantemente create da lobby, famiglie, gruppi di interesse di turno.

Per non dire delle difficoltà oggettive e quasi insormontabili, prima fra tutte la questione degli ospedali. Tutti ormai hanno capito che almeno il trenta per cento degli ospedali italiani è troppo vecchio o troppo piccolo o troppo generico o troppo isolato.

Eppure, chi può deciderne la chiusura? Che fare dei loro medici, degli infermieri, dei centralinisti e degli addetti al parcheggio o alle pulizie? Dov'è la bacchetta magica che può farli sparire senza traumi sociali e senza drammi familiari? Anch'io mi sono cimentato con questo enorme problema e non ho trovato la soluzione, riuscendo tuttavia almeno a definire, col mio amico Renzo Piano, le caratteristiche dell'ospedale ideale.

Però non bisogna gettare la spugna, perché il problema rimane e sta lì a guardare la nostra impotenza. L'ospedale vecchio e senza manutenzione ci può cadere in testa, quello troppo piccolo non ha esperienza sufficiente per curarci al meglio, quello isolato non ha più senso perché, a parità di tempo di percorrenza, è meglio andare in quello con più pazienti e quindi con maggiore casistica e competenza clinica.

Gli scozzesi, da bravi scozzesi, se ne accorsero negli anni Ottanta e capirono che c'era perfino da risparmiare. Mandarono i loro ispettori a controllare i risultati a distanza delle chirurgie di diversi ospedali e individuarono nella casistica dell'intervento di prostatectomia, cioè l'asportazione della prostata in uomini malati di cancro in quella sede, la cartina di tornasole. Questa operazione si svolge in modo tale che il chirurgo deve spingersi in un territorio attraversato dai nervi che regolano sia la potenza sessuale sia la fuoriuscita di urina dalla vescica, e il risultato è che se questi nervi vengono tagliati o lesi il paziente soffrirà poi di impotenza e/o di incontinenza urinaria. L'aspetto interessante che gli ispettori notarono subito fu la relazione di proporzione inversa tra il numero di interventi eseguiti ogni anno dal singolo chirurgo urologo e la frequenza degli effetti collaterali. In parole semplici: più un chirurgo eseguiva quell'intervento, più basso era il rischio di impotenza e incontinenza. In caso contrario, gli effetti negativi a distanza erano molto più frequenti.

Non si trattava di un dettaglio secondario, se considerate che l'impotenza dà diritto al paziente scozzese a ricevere gratuitamente sostegno psicologico e farmaci che aiutano l'erezione, così come l'incontinenza gli dà il diritto ad avere pannoloni gratuiti fino alla fine dei propri giorni. Le autorità sanitarie capirono ben presto che lasciar operare un paziente da un chirurgo che aveva poca esperienza con la prostatectomia implicava un rischio ingiustificato per la società, che molto probabilmente avrebbe dovuto sostenere i costi degli effetti collaterali postoperatori dell'intervento. Entrò così nel *common sense* della medicina britannica – e oggi europea – il concetto di «massa critica», cioè di entità della casistica operatoria o medica, criterio da cui dipende in buona parte la qualità della prestazione del singolo medico o del singolo ospedale.

Negli ultimi anni, per promuovere questo concetto nei nostri incontri col pubblico, abbiamo usato diversi esempi, due dei quali si sono distinti per chiarezza e tenuta logica.

Con il primo si invitava l'uditorio a riflettere sul comportamento da tenere nel caso di un guasto alla propria auto: se avete una Volkswagen la portereste in una officina Peugeot? No, perché comprendete l'importanza della specializzazione.

Nel secondo esempio immaginavamo questo scenario: siete a bordo di un aereo che sta per decollare. Il pilota dà il tradizionale benvenuto a bordo e aggiunge che non guida quel tipo di velivolo da sei mesi, ma vi invita a star tranquilli, perché la sera prima ha ripassato il manuale di istruzioni. Che cosa fareste? La maggioranza di solito risponde che salterebbe a terra rifiutandosi di partire. Allora perché farsi operare da un chirurgo che ha fatto quell'operazione l'ultima volta mesi fa e che ne fa al massimo quattro o cinque all'anno?

Non è un caso quindi se una delle iniziative della mia Fondazione di cui vado più orgoglioso è Sportello Cancro: un efficientissimo database, sviluppato in particolare da Stefano Zurrida, che si può consultare sul sito internet del «Corriere della Sera» e che fornisce le casistiche di tutti gli ospedali italiani, regione per regione e patologia per patologia. È un sito consultatissimo, a quanto pare, perché pian piano si diffonde la mentalità da «consumatore» dei pazienti e dei loro familiari. Fareste mai rifare il bagno di casa vostra senza chiedere almeno due preventivi diversi? E che cosa c'è di male a chiedere anche un secondo parere prima di cominciare una cura o prima di subire un intervento chirurgico? Alcuni medici non amano questa impostazione, ma si tratta di un fenomeno ormai irreversibile e sono certo che porterà con sé maggior trasparenza e controllo nelle prestazioni sanitarie.

Decalogo

Non mi ha stupito affatto che la scelta di candidarmi al Senato abbia causato un rilevante cambiamento della percezione della mia figura fra persone che invece prima mi consideravano come uno dei pochissimi «personaggi» al di sopra delle parti. Tuttavia, penso che se tornassi indietro farei lo stesso.

Tutte le mattine che mi sono preparato per andare nell'aula del Senato, mi sono sentito investito del senso del dovere delle prime volte.

Certo, mi dispiace che non sia stata (ancora) accolta con favore unanime la mia proposta di costituire a livello europeo una specie di «Camera alta» composta da filosofi, scienziati e pensatori desiderosi di mettersi al servizio della società sulla base della loro esperienza a prescindere da una netta presa di posizione politica in senso partitico. In attesa che questo desiderio si realizzi, sento che il mio principale campo di azione politica debba essere la scienza e la medicina, nel rispetto del motto che adottammo nel 1973 all'Istituto dei Tumori, al momento della costituzione del primo comitato etico in Italia: «Tutto è concesso all'uso della scienza per l'uomo, tutto è negato all'uso dell'uomo per la scienza».

Nell'ottobre del 2008 ho presentato un disegno di legge, in accordo con l'amico Ignazio Marino, sul consenso informato e le dichiarazioni anticipate di volontà e nello stesso tempo ho provato a stilare una specie di decalogo dei diritti dei malati.

Così, facendo tesoro di tutti i miei anni di pratica clinica e della preziosa collaborazione di tanti colleghi, ho messo insieme dieci diritti che reputo fondamentali per chiunque si trovi ad aver perso la salute a causa di una malattia.

1. *Diritto a cure scientificamente valide.* Non dimenticherò mai l'incubo di più di due anni provocato dal fenomeno della cosiddetta «cura Di Bella». Fu una pagina molto triste per il nostro Paese, che tra l'altro divenne, ancora una volta, lo zimbello di tutti i giornali del mondo, come ai tempi – più recenti – della spazzatura di Napoli.

Di Bella era un medico di valore, impegnato, dedicato, fortemente desideroso di aiutare i malati di cancro. Lo incontrai personalmente, per capirne l'onestà intellettuale, e credo tuttora che fosse in assoluta buona fede. Tuttavia, la sua idea di creare una specie di «pozione magica» contro il cancro si rivelò una tragedia terribile per tanti malati e per le loro famiglie. Purtroppo, paradossalmente, uno dei componenti che lui scelse per il suo «cocktail» è effettivamente attivo contro un numero molto limitato di tipi di cancro e ciò causò diverse apparenti guarigioni che misero in agitazione l'intero Paese. Il problema è che il cancro è una malattia multiforme e quindi è impossibile che la stessa cura funzioni per tutti tipi di tumore. La sua esperienza fu strumentalizzata oltre misura dai giornalisti della carta stampata – un quotidiano del Nord si distinse in particolare nel sostegno totalmente acritico della «cura» – e della televisione, incrinando gravemente l'attendibilità di molti giornalisti «esperti» che, caduti nella trappola dell'emotività, persero il controllo dei messaggi che davano in pasto al grande pubblico. Un politico che anni dopo divenne addirittura ministro della Sanità (e che non operò male in tale posizione) continuò ostinatamente a far rimborsare la «cura» con denaro pubblico della regione di cui era presidente, andando contro una realtà ormai evidente a tutto il mondo.

Un membro olandese della commissione internazionale di esperti, nominata dal ministro della Sanità di allora, mi chiese sottovoce con uno stupore che sembrava davvero genuino: «Ma come fate voi italiani a pensare che un vostro semplice medico di buona volontà abbia trovato la soluzione che centinaia di laboratori in tutto il mondo non hanno ancora intravisto? Perché i miracoli dovrebbero sempre avvenire nell'Europa del Sud e mai da noi?».

2. *Diritto a cure sollecite.* Tra i tanti problemi da risolvere c'è quello delle liste d'attesa. Chiunque può immaginare che, quando diciamo a un paziente che ha un tumore e che deve essere operato, la sua prima domanda sarà: «Quando?». E la nostra risposta è spesso molto frustrante per entrambi: «Appena si libera un letto la chiamiamo» gli dirà la caposala col tono

più affettuoso di cui sarà capace, e il paziente tornerà a casa sua, si siederà accanto al telefono e aspetterà per giorni e giorni.

La sanità, come altri settori dell'attività umana, ha tante regole crudeli, tra cui quella in base alla quale più un medico o un ospedale lavorano bene e più crescerà il numero dei pazienti che vorranno essere curati da loro. Ma più cresce il numero delle richieste e più diventa impossibile soddisfarle. È vero che chiunque ha diritto di essere curato in fretta e in un centro di eccellenza, ma è anche vero che ciò è di fatto impossibile perché gli italiani che si ammalano di cancro ogni anno sono quasi trecentomila e non c'è ospedale né gruppo di ospedali che possano far fronte a questa enorme richiesta di cure.

In realtà si può ancora molto migliorare la situazione, concentrando nei centri di eccellenza i casi più rari, i più difficili, e quelli che possono contribuire alla ricerca clinica e quindi al progresso delle conoscenze. Si potrebbero creare reparti specializzati «satellite» in grado di trasformare gli standard di eccellenza in routine quotidiana, permettendo un più rapido smaltimento delle liste di attesa. Si potrebbe infine alleggerire i centri di cura dalle incombenze diagnostiche e di controllo, lasciando queste ultime a terminali periferici, collegati alla loro centrale di riferimento con tecnologie d'avanguardia e più facilmente raggiungibili dai pazienti.

3. *Diritto a una seconda opinione*. Quando muovevo i primi passi nel mondo della medicina rimanevo spesso impressionato dal senso di «proprietà» che i colleghi,

soprattutto i più anziani, manifestavano nei confronti dei pazienti che avevano in cura. «È per un *mio* paziente» dicevano spesso, e tuttora sento questa espressione in ambienti di solito piccoli o di provincia, oppure dove la medicina è fortemente privatizzata.

Il medico che considera il paziente «suo» si offenderà inevitabilmente se lo stesso paziente o i suoi familiari esprimeranno il desiderio di avere un parere anche da un altro professionista, vivrà questa richiesta legittima come un affronto e a volte perderà il controllo delle proprie reazioni arrivando a maltrattare il povero malato, facendolo sentire in colpa e profondamente ingrato.

Al contrario, il medico che saprà capire l'onestà della richiesta e che è consapevole del fatto che persino per far imbiancare la casa ognuno di noi si fa fare almeno due preventivi, si prodigherà per facilitare la seconda opinione, consiglierà lui stesso qualche collega che stima e che considera magari più esperto (per età o per professionalità) e chiederà al paziente di fargli sapere come è andata. Se la seconda opinione sarà uguale alla sua, il paziente tornerà certamente da lui (o da lei) con stima e fiducia ancora maggiori. Se sarà diversa, si innescherà una riflessione su vantaggi e svantaggi dell'una e dell'altra opzione, alla fine della quale il paziente non potrà che essere trattato meglio del previsto, perché attorno al suo caso si sarà sviluppato un maggiore sforzo di comprensione e di ricerca della soluzione migliore.

4. *Diritto alla privacy*. Da tempo, in tutte le nostre riunioni di discussione dei casi clinici, soprattutto quel-

le finalizzate a definire la miglior terapia postoperatoria, presentiamo le diverse situazioni identificandole semplicemente con le iniziali e la data di nascita del paziente. In questo modo proteggiamo completamente la sua privacy ed evitiamo il rischio che la persona possa essere riconosciuta.

Tutti noi ci siamo prestati a visite in sedi inusuali, a cure in ore serali o nel week-end per proteggere la privacy di persone che hanno un'immagine pubblica e che si sono ammalate di tumore. Il mio amico Franco Cavalli riuscì per lungo tempo a depistare i giornalisti curando «di nascosto» il Beatle George Harrison, che si era rivolto a lui a Bellinzona quando il suo tumore aveva raggiunto il cervello.

5. *Diritto a conoscere la verità sulla malattia*. Ancora un ricordo personale. E ancora all'Istituto dei Tumori di Milano, nei primi anni Settanta: mi viene affidato un uomo sulla sessantina, colpito da un tumore chiamato melanoma, cui ho dedicato molte delle mie ricerche e che tuttora riesce spesso a sfuggire al nostro controllo.

Operai quel paziente con tutta la perizia di cui ero capace, tolsi tutti i linfonodi del suo inguine per sbarrare la strada alle cellule maligne che avrebbero potuto risalire verso organi vitali come fegato e polmoni generando delle metastasi.

Purtroppo fu tutto inutile e dopo pochi mesi capimmo che non restava più molto da fare. La moglie non lo lasciava mai, stava accanto a lui giorno e notte e non si capacitava della nostra impotenza. Una domenica pomeriggio ero di turno e lo vidi da solo. Andai a sedermi in fondo al suo letto e feci subito fatica a sostenere il suo sguardo indagatore.

«Dottore, devi dirmi la verità» mi disse subito, con lo sguardo fisso verso la porta quasi a voler tenere ancora lontana per un po' la moglie che era uscita per andare in bagno. «Ho un figlio in Germania, ma nessuno lo sa, lei vede quanto mia moglie mi ama, non sono mai riuscito a dirglielo, ne morirebbe. Ma adoro quel bambino, è il frutto di una bellissima storia d'amore, di breve durata ma di grande profondità. Mi dica la verità, quanto ho da vivere ancora? Devo sistemare le carte in Germania, non posso abbandonare il mio bambino segreto!»

Uscii sconvolto da quell'incontro e non riuscii ad addormentarmi. L'insonnia ha però il gran vantaggio di aiutare spesso a trovare la soluzione al problema che ci affligge e così il mattino dopo proposi al paziente un breve trasferimento in Germania per tentare una cura sperimentale. Aggiunsi che avrebbe però potuto recarsi dai miei colleghi, cui avevo già telefonato, seguito solo da uno dei miei assistenti. Capì al volo e mi fece un sorriso che ricorderò finché campo. Non feci fatica a trovare un giovane collaboratore disposto ad accompagnarlo e di cui mi fidavo al punto di metterlo al corrente della verità.

Tutto si svolse in pochi giorni. Il suo sorriso speciale non gli andò più via dal viso fino a che chiuse gli occhi per sempre. Sua moglie gli tenne la mano fino all'ultimo respiro. In Germania un notaio scrupoloso e fidato predispose ogni misura perché un certo bambino dal nome italiano avesse un futuro assicurato fino alla fine degli studi e potesse scegliere magari di diventare da grande un dottore che cura il cancro.

6. *Diritto a essere informato sulle terapie.* «Se avessi saputo che questi erano gli effetti collaterali, non avrei mai cominciato questa cura.» Oppure: «Se avessi saputo che era tutto qui quello che si sente, avrei cominciato molto prima». Perché tanti medici continuano a trattare i pazienti come dei bambini? E perché mai ai bambini non si dovrebbe spiegare bene in che cosa consiste la cura che viene proposta? Me lo sono chiesto tante volte e mi sono sempre tanto raccomandato con i miei allievi di non risparmiare mai sul tempo necessario a spiegare la cura a un paziente.

Forse oggi questo diritto alla conoscenza si è fatto più concreto. Internet, nel bene e nel male, sta facendo saltare le roccaforti della «segretezza» su qualsiasi tipo di cura. I pazienti o i loro figli navigano per ore sulla rete alla ricerca di informazioni e sempre più spesso si presentano in ambulatorio con fasci di fogli pieni di notizie su tutti i possibili effetti collaterali – a breve e a lunga distanza – della terapia che è stata loro consigliata.

Le più brave a spiegare – bisogna ammetterlo – sono però le infermiere. Sia perché hanno più pazienza, sia perché stanno con i malati anche di notte e di domenica, quando il tempo non passa mai. Inoltre, spesso conoscono meglio dei medici gli effetti delle medicine, perché ne vedono con i loro occhi le conseguenze. Non è un caso che la comunità oncologica debba a un'infermiera, la sorridente e determinata irlandese Kathy Redmond, la nascita della European Cancer Patient Coalition, la coalizione europea dei malati di cancro, che oggi viene regolarmente interpellata dalla commissione europea e dalla londinese Emea, l'agenzia europea per l'approvazione dei nuovi farmaci.

7. *Diritto a rifiutare le cure* e 8. *Diritto a esprimere le proprie volontà anticipate*. La mia convinzione è che ognuno di noi abbia il diritto di autodeterminarsi nella malattia così come quando è in salute. È il principio di autonomia: spetta al malato decidere che cosa è bene per lui e l'atto medico deve essere a suo puro vantaggio. Ci si deve concentrare su quel malato in quel momento e non ci deve essere la preoccupazione di ciò che sarà in futuro, perché nessun malato deve mai pagare il prezzo della ricerca.

A metà del secolo scorso sono state introdotte nei reparti di rianimazione macchine in grado di mantenere l'ossigenazione del sangue e il battito del cuore, anche a funzioni cerebrali cessate, e si è così materializzata quella che ormai tutti chiamiamo «vita artificiale». Ma secondo me questa vita artificiale è un'invasione della medicina nel nostro corpo e per questo mi batto per il rispetto della volontà del paziente, se espressa per iscritto nel pieno possesso delle proprie facoltà mentali.

Comprendo la tremenda complessità di simili questioni e capisco che esse vengano inevitabilmente affrontate in modo diverso da chi ragiona, come me, in base anche a dettagliate conoscenze biologiche e quindi fisiche e chimiche, e da chi preferisce far prevalere i sentimenti e quindi argomenti soggettivi o personali o, ancora, legati a una fede religiosa. Ho sperimentato sulla mia pelle – e il ricordo rimarrà vivo a lungo – quanto innumerevoli siano i possibili punti di vista quando si affrontano argomenti di bioetica: mi sono molto speso, come qualcuno forse ricorderà, per il referendum contro la legge che l'Italia si è data per regolamentare in modo restrittivo la fecondazione assistita. A distanza di anni le posizioni contrapposte non si sono certo avvicinate, mi pare. Chi vuole un figlio a ogni costo fa di tutto per andare a provare in Svizzera e in Spagna. Chi era a favore della legge lo è rimasto e non si scompone.

9. *Diritto a non soffrire*. Ho imparato che non è vero che il dolore santifica proprio da una suora, la santa, ineffabile, silenziosa e onnipresente suor Luigina che per vent'anni ha fatto svolazzare la sua lunga gonna bianca da una stanza all'altra dell'ottavo piano dell'Istituto dei Tumori. «Il dolore fa arrabbiare» diceva «e fa anche venir voglia di bestemmiare. Meglio una fiala di morfina!»

Il medico non deve aspettare che il dolore si impossessi del paziente perché il dolore incide un solco nel cervello, diventa un ricordo drammatico che si rinnova a ogni successivo assalto di sofferenza. Ho scoperto nelle corsie degli ospedali in cui ho lavorato che chi riesce a sconfiggere il dolore non chiede di morire. Com'è noto, sono convinto che in certi casi la scelta dell'eutanasia, cioè di assecondare la volontà di un paziente terminale e sofferente, rappresenti un gesto coraggioso d'amore nei confronti della vita, di noi stessi o di una persona che si ama. È per me un estremo atto di carità nei confronti di ciò che siamo stati, e di ciò che nonostante la vecchiaia o la malattia ancora siamo. Tuttavia sono anche fermamente convinto che prevenire il desiderio di farla finita, soprattutto controllando il dolore, sia il modo migliore per troncare lo scontro ideologico sull'eutanasia.

Nella mia memoria la lunga battaglia contro il dolore in Italia ha due grandi protagonisti, Vittorio Ventafridda, scomparso da poco e grande assertore della terapia del dolore, e Mario Pirani, giornalista della «Repubblica» che non ha mai cessato di richiamare l'attenzione di tutti su questo aspetto così crudele della malattia, già di per sé fonte di profonda infelicità. Il continuatore della loro battaglia è Cesare Bonezzi, anestesista e neurochirurgo della Fondazione Maugeri di Pavia che così conclude il suo ultimo libro: «Se osserviamo la storia della medicina ci rendiamo conto che molte cure e molti rimedi sono definitivamente scomparsi; questo significa, per fortuna, che una serie di problemi è stata risolta, grazie alla ricerca e alla conoscenza. Il lungo percorso che la terapia del dolore deve ancora compiere per "scomparire" (e con essa il dolore) sta a indicare che la sua maturazione è assai lontana. Può sembrare paradossale augurarsi la fine della scienza cui si è deciso di dedicare la vita, ma è il migliore augurio contro il dolore che riusciamo ad immaginare».

Il dolore non santifica, come non sempre il lavoro nobilita, a volte sfianca e consuma. Il dolore ha tante componenti, che vanno riconosciute e combattute una a una. La principale è ovviamente lo stimolo doloroso vero e proprio, il segnale «elettrico» che la parte del corpo sofferente manda al cervello. Ma c'è anche una fondamentale componente di ansia, e cioè la paura che il dolore si faccia più intenso o che continui all'infinito. Poi c'è l'effetto depressivo del dolore, il suo portare a credere che ormai non c'è più nulla da fare, che è finita.

Il dolore da malattia è odioso così come lo è il dolore da tortura. Entrambi potrebbero essere evitati e in un certo senso di entrambi è responsabile l'uomo stesso, che col passare degli anni e dei secoli non riesce a far progredire il proprio sviluppo psicologico allo stesso ritmo di quello tecnologico. La traversata dell'Atlantico si misura oggi in poche ore, mentre pochi decenni fa richiedeva settimane e ancora prima mesi. Eppure sul piano della maturazione psicologica non vi è stato un progresso altrettanto importante. Troviamo ancora medici che lasciano soffrire i malati per evitare loro gli effetti collaterali dei farmaci (la morfina dà assuefazione!) e troviamo ancora uomini adulti disponibili a ricevere un salario per compiti che implicano la tortura fisica di loro simili.

10. *Diritto al rispetto e alla dignità*. È il comandamento che in un certo senso riassume e comprende tutti i precedenti. Se nessun hotel si sognerebbe mai di offrire la stessa stanza a più ospiti, perché gli ospedali possono mettere i malati in camere da tre, quattro o addirittura sei letti? Perché ci sono ancora reparti di ginecologia con decine di letti di degenze e solo un paio di bidet? Perché nell'epoca dell'informatica non

siamo ancora riusciti a eliminare la coda dal medico di famiglia, la coda allo sportello per prenotare l'esame e la coda per farlo? Proporremmo mai a una persona in salute di farsi tre code per una sola cosa? E allora perché lo facciamo con chi è malato?

E cosa dire di quel «bestiario ospedaliero» che rende ancora più insopportabile il dolore di chi soffre? Il medico che chiama il paziente con il nome del suo organo malato («Oggi abbiamo due tiroidi da operare»), l'infermiera che usa ancora il numero del letto per identificare il paziente («Porta la padella alla quindici»), l'impiegato irremovibile davanti al cavillo amministrativo che impedisce a un paziente, che magari ha alle spalle un viaggio di mille chilometri, di ricevere il trattamento medico di cui ha bisogno... L'elenco potrebbe continuare per altre decine di pagine, ma preferisco fermarmi qui. Tutte queste sono figure che speriamo vadano presto a far parte del passato.

Il cancro e i bambini

Per noi che lavoravamo all'Istituto dei Tumori, il cancro nei bambini era uno dei tormenti maggiori. A volte abbiamo persino immaginato che per qualcuno potesse rappresentare la prova provata dell'inesistenza di Dio. Come si fa infatti a pensare di poter credere a una qualsiasi forma di provvidenza, di amorevole divinità o anche solo di un sensato creatore dell'universo quando ci si trova di fronte a un piccolino invaso da cellule maligne, mostruose e assassine?

L'istituto aveva e ha tutt'ora otto piani di reparti di degenza, e la notte si era sempre in due medici a coprire i turni di guardia: dalle otto di sera alle otto del mattino dopo oppure, nei giorni festivi, un'unica tirata di ventiquattro ore. Logica vuole che i due medici si dividessero equamente, quattro e quattro, i piani da coprire, ma non sempre accadeva così. Quelli di noi che avevano figli piccoli, e Alberto Costa e io eravamo tra questi, preferivano tenere cinque piani invece di quattro, pur di non avere il reparto di pediatria, pur di non essere chiamati ad assistere quei poveri burattini appesi ai fili delle loro fleboclisi, colpiti dalla malattia all'improvviso o lentamente e subdolamente, prima ancora di aver cominciato a giocare sul serio, prima di aver imparato il piacere di leggere e scrivere, prima di fare qualche passo nel mondo da soli, senza la mano della mamma o del papà.

Dicevamo in tutte le interviste – ed era vero – che i progressi della pediatria oncologica erano enormi, che le guarigioni aumentavano ogni anno, che gli effetti a distanza delle terapie antitumorali ricevute nell'infanzia potevano essere controllati fino a non lasciare alcuna traccia di sé.

Ma il reparto del sesto piano era sempre pieno di bimbi col cancro, tormento insopportabile per noi che come ricercatori ci sentivamo falliti e impotenti ogni volta che dal cortile posteriore usciva una piccola bara bianca, e che come genitori vedevamo i nostri figli in ognuno di quei bambini e pensavamo che non ce l'avremmo fatta a sopportare una simile tragedia se mai fosse capitata a noi. Ci ripetevamo, come scriveva il pastore protestante Bonhoeffer nelle sue lettere dal campo di concentramento nazista, che bisognava imparare a vivere «come se Dio non esistesse», perché almeno ci saremmo risparmiati la sofferenza dell'abbandono e il drammatico sentimento di assurdità che la situazione generava.

Poi capitò davvero, a un compagno di giochi estivi dei figli di Alberto. Verso l'età di dieci anni cominciò a trasformarsi in un fantasma, sempre più magro, i grandi occhi neri e intelligenti sempre più affossati, lo sguardo perso nel vuoto, anche se ancora sorridente, come se chiedesse: «Ma che sta succedendo?». Un tumore maligno, inesorabile e incurabile, cresceva dentro il suo cervello, senza ragione alcuna, senza colpa di nessuno, senza che si potesse far nulla per alleviare il dolore mortale, assoluto e sconvolgente dei suoi genitori che per mesi hanno dovuto assistere alla quotidiana consunzione del loro figlio amatissimo, non più bambino e non ancora ragazzino e, presto, non più nulla del tutto, per decisione di chissà chi e chissà perché. Come se fosse ieri, anche dopo quindici anni lo rivediamo immobile sulla spiaggia di Punta Ala, piccolo spaventapasseri di pelle e ossa rinsecchite, coperte da vestiti troppo grandi e pieni di vento di mare, gli stessi che solo qualche mese prima gli stavano così bene con un po' di abbronzatura.

Che dire ai suoi genitori? Alla sua deliziosa sorellina che lo amò teneramente fino alla fine? Che la verità della vita – e della morte – è molto amara. Che il mondo non è quello dei depliant delle agenzie di viaggio o delle sfilate di moda. Anzi. La finestra da cui lo abbiamo guardato per tanti lunghi anni (quelli dell'infanzia furono anni brevi, quelli che seguirono divennero inspiegabilmente lunghi) ci ha raramente offerto panorami rasserenanti o, come diceva il libro di catechismo, uno sguardo sulle «meraviglie del creato».

Le finestre dell'Istituto dei Tumori, viste dalle nuvole che vi passavano davanti, davano su camere da due o quattro letti dove giorno e notte, estate e inverno, a Natale e a ferragosto, cinquecento fra uomini, donne e bambini (tanti sono i letti di quell'ospedale), lottavano e lottano contro questa maledetta follia insensata delle loro proprie cellule, contro una forza interiore che non ha altro scopo se non la distruzione dell'organismo che la contiene.

Una scatola enorme, l'istituto, come tante altre nel mondo, magari dal nome più famoso, piena di lavoro, di abnegazione, di dedizione e al tempo stesso di dolore fisico e mentale, di disperazione da suicidio, di speranza nutrita contro ogni evidenza. Provate a passare trenta o quarant'anni dentro quella scatola e di fronte a qualsiasi «libro sacro», a qualunque «verità rivelata», preferirete sempre pensare di scegliere il silenzio.

E invece non è neppure così, non è neanche così semplice. L'altro giorno ero un po' in ritardo e ho girato quasi di corsa l'angolo del cortile di casa mia. Improvvisamente mi sono trovato seduto per terra, investito dal figlio del portinaio che come un pazzo correva in bicicletta dopo due mesi di ospedale. Sudato, strafelice, con le guance rosse sulla pelle ambrata, non sapeva come fare a scusarsi e con la coda dell'occhio guardava il padre che correva verso di noi mostrando tutta la sua desolazione per quanto era accaduto. «Ma come Tarik, non avevi la leucemia?» stavo per dire a voce alta mentre riandavo velocemente ai dati dell'ultima cartella clinica che il padre mi aveva mostrato qualche tempo prima. Non vedendolo più ogni mattina che si preparava per andare a scuola me ne ero a poco a poco colpevolmente dimenticato e di lui mi era solo rimasta la rabbia e l'amarezza che avevo provato la prima volta davanti a quel padre contro cui la vita si accaniva di nuovo. Non erano bastati la fuga dal proprio Paese per dare un futuro più decente ai propri figli, la clandestinità, i lavori umilissimi, gli anni di solitudine lontano dai suoi aspettando un permesso di soggiorno che non arrivava mai nonostante si rompesse le ossa a faticare dodici ore al giorno, sabati e domeniche compresi. Lo conoscevo da tanti anni ormai ed era parte della nostra vita.

Quando mi disse che a suo figlio avevano diagnosticato una leucemia, aveva la stessa espressione in viso di quando anni prima mi aveva chiesto se secondo me sua moglie l'avrebbe riconosciuto dopo quattro anni di lontananza. «Si può guarire da questa malattia, professore?»

Ancora una volta il tempo era passato rapido come il fulmine. Il piccolo era stato subito ricoverato all'Ospedale San Gerardo di Monza dove due grandi medici, Giuseppe Masera e Momcilo Jankovic, fanno ogni giorno, insieme alle loro équipe, miracoli che neppure ci sogniamo. Primo fra tutti, quello di avere ogni mattina la forza di entrare in reparto e affrontare decine di bambini e bambine con la vita appesa a un filo.

I nuovi farmaci, le nuove combinazioni fra di loro, i sistemi per renderli più tollerabili, gli insegnanti che aiutano i bambini a non perdere l'anno scolastico, i clown volontari che riescono a farli ridere persino mentre fanno la chemioterapia, le infermiere che non chiudono un occhio tutta la notte. Fanno tutti ogni anno meglio dell'anno prima, e quelle curve statistiche che illustrano la continua diminuzione del numero di morti fra i bambini mi sembrano forche caudine sotto le quali il cancro non può che piegare la testa.

Anche Tarik ce l'aveva fatta e ora era di nuovo in sella alla sua nuova bicicletta. Non mi sono mai rallegrato tanto di essere andato gambe all'aria e di dover tornare a casa a cambiarmi i pantaloni strappati.

«Che ti è successo?» mi ha chiesto ovviamente stupita mia moglie.

«Nulla, sono solo stato investito da una bicicletta che andava come una Ferrari e da un soffio di vita di indicibile potenza.»

Far from there we were born

Attratto dal fascino dei grandi alberghi, li ho probabilmente visitati tutti nel mondo, anche solo per dormirci qualche ora. Difficile spiegare questo aspetto della mia personalità per altri versi quasi monastica nel rigore e nell'essenzialità della conduzione della vita di lavoro. Difficile anche capire (persino per me stesso) come abbia fatto ad aggirarmi per tante hall e tante stanze con totale naturalezza e spontaneità come se ci fossi sempre vissuto, mentre ero nato *far from there*, ben lontano da lì, nella famosa periferia di Milano, nell'altrettanto famosa cascina di cui si parla in tutte le interviste che mi sono state fatte (evidentemente la cosa deve aver sempre colpito il giornalista che intendeva raccogliere appunti su di me, forse per il suo aspetto di «sogno americano», di storia a lieto fine in cui il figlio del quasi povero fattore diventa poi famoso professore).

Innamorato delle camere con grandi divani, delle pareti fitte di quadri, delle luci ben distribuite, dei tappeti dai colori caldi, ho scelto personalmente tutti gli arredi di tutte le case in cui ho abitato o sono stato in vacanza, riproducendo un modulo riconoscibilissimo e coerente con il mio bisogno di confort non ostentato, ma elegante il più possibile.

Per l'ospedale dei miei sogni, invece, l'Istituto Europeo di Oncologia, scelsi le linee semplici dell'acciaio e del cristallo sulla base di mattoni da cascina. Scriveva Italo Calvino: «Una volta che sei riuscito a prescindere da qualcosa che credevi essenziale, t'accorgi che puoi fare a meno anche di qualcos'altro, poi ancora di molte altre cose».

Ricordo ancor oggi, molti anni dopo, l'emozione del giorno dell'inaugurazione. Venne l'Avvocato Agnelli, con Leopoldo Pirelli ed Enrico Cuccia e, come tutti, per un attimo ho pensato di saltare su un taxi e di scappare via, temendo che mi mancasse la forza di credere che era tutto vero e che il sogno era diventato realtà.

Come sempre in questi casi, continuai a cambiare e ricambiare il testo del mio discorso fino all'ultimo minuto. E come sempre in questi casi mi dimenticai di citare nei ringraziamenti qualche nome, tra cui quello del giovanotto che ci era stato raccomandato per le relazioni esterne e che avevamo dovuto assumere. Naturalmente il nostro ce la giurò, ma dopo qualche mese apparve chiaro persino ai suoi «Santi in Paradiso» che da quel personaggio non avevamo granché da imparare e si organizzò un dignitoso *outplacement* per accompagnarlo alla porta.

In quella occasione, con mio grande imbarazzo, Alberto Costa se ne uscì con questa affermazione: «Un po' come lo champagne a digiuno, Veronesi ha sempre dato alla testa agli innumerevoli personaggi che si sono avvicendati alla sua corte. La sua straordinaria capacità di far sentire tutti molto speciali e insostituibili ha da un lato contribuito a creare la sua «invincibile armata» in tutta Italia, dall'altra ha letteralmente bruciato la vita di una serie interminabile di uomini e donne che si sono sentiti in grado di volare per il solo fatto di essere stati illuminati dal suo sorriso e che poi sono precipitati per la liquefazione della cera delle loro ali fatte di piume troppo leggere». Devo ammettere che c'era molto di vero in questa affermazione e che essa era in linea con il suo modo di guardare alle cose della vita, attraverso le lenti del rigore e della coerenza.

Ho invitato Alberto formalmente a pranzo – o a colazione, come si dice oggi – una sola volta in trent'anni. A New York, al ristorante Le Cirque, ai tempi del mitico direttore italiano che ci faceva sentire tutti importanti. Mangiammo poco, come sempre a mezzogiorno, per non aggravare la sonnolenza del cambio di fuso orario, e in quell'ora e mezza decidemmo l'impresa dell'Istituto Europeo di Oncologia.

Alberto mi citò Krishnamurti, di cui stava leggendo *Questa luce in se stessi*:

> Si potrebbe parlare all'infinito, impilare parole su parole e arrivare a varie conclusioni, ma se, al di là di tutta la confusione verbale, c'è una azione precisa, questa azione vale diecimila parole. La maggior parte di noi ha paura di agire, perché siamo confusi, in disordine, contradditori e infelici.

A quel tempo invece mi sentivo ancora coerentemente in cerca di felicità e mi chiedevo se davvero mi avrebbero «salvato» dalla noia del pensionamento, visto che non riuscivo neppure ad immaginarmi senza lavoro a sessantacinque anni, come voleva la legge sulla direzione degli enti pubblici.

Il grande banchiere che era pronto a costruirci addirittura un nuovo istituto («A sua immagine e somiglianza, Professore» usava dire) aveva quasi vent'anni più di me e aveva colto perfettamente quanto ancora giovani mi sembrava fossero il mio cuore e la mia mente. Quando giovane lo ero davvero, e mi impegnavo per prepararmi a diventare direttore dell'Istituto di Ricerca sul Cancro più prestigioso d'Italia, non ponevo limiti alla mia capacità di lavoro. Tornavo a casa tardi la sera dopo le ultime visite in studio o in clinica e dopo cena spesso cadevo addormentato sul divano per due preziose ore di sonno fino a che, verso mezzanotte, cominciavano a rientrare i figli più grandi svegliandomi con tenerezza e grande affetto. Era allora che arrivava il momento magico della massima lucidità mentale, delle idee del primo mattino, capaci di lasciare poi di nuovo spazio al sonno per qualche ora di profondissimo riposo. «È tutta la vita che ci alziamo alle cinque e mezza» ripete spesso mia moglie Susy, la roccia della mia famiglia, la madre dei miei figli, la bellissima pediatra di origine turche – scampata per miracolo alla morte in campo di concentramento – alla quale ho dedicato tutte le mie serenate.

«Abbiamo già trascorso una vita di levatacce» mi ha fatto notare Susy. «Perché imbarcarsi nell'impresa di un nuovo istituto di ricerca sul cancro da inventare da zero e addirittura ancora da costruire?»

Perché sentivo che quello che dovevamo fare in Italia e per l'Italia l'avevamo realizzato. Ora bisognava pensare ancora più in grande, aprire la mente, attirare da noi altri grandi medici invece di lasciare che i nostri poveri pazienti continuassero ad andare a Parigi o a Londra. L'America era troppo lontana e l'Atlantico troppo lungo da attraversare. Il nostro futuro era l'Europa e per ironia del destino lo decidemmo quel giorno a New York.

Il sogno europeo

A partire dalla fine degli anni Settanta la parola Europa assunse un significato speciale per tutti noi che lavoravamo in ambito scientifico e divenne come un mantra nella nostra mente. Con la sola eccezione degli inglesi, che in totale buona fede pensavano di essere i primi (dopo gli americani) in qualsiasi campo di ricerca, tutti gli altri furono presi da una specie di eccitazione culturale per tutto ciò che poteva diventare «europeo».

L'intuizione di questi pionieri, fra cui, modestamente, venni a trovarmi fin dai primi giorni, si rivelò più che fondata. C'era nell'aria come una ventata di primavera, di novità, di desiderio di conoscersi, di superare gli stereotipi del dopoguerra (i tedeschi nazisti, gli italiani imbroglioni, i francesi supponenti, gli spagnoli bigotti...) e chiunque potesse faceva o diceva qualcosa di «europeo».

A costo di sembrare un po' bizzarro, penso che questa ondata di rinnovamento sia cominciata in sedi tutt'altro che scientifiche. Per esempio il mondo della musica: l'impatto dei Beatles sull'Europa fu enorme, anche dal punto di vista linguistico. Furono loro, secondo me, a imporre l'inglese come lingua dei giovani europei al punto che, per aver successo, anche gli svedesi Abba si misero a comporre tutte le loro canzoni in inglese (e, siamo sinceri, alcune le cantiamo ancora adesso...).

Gli olandesi, i belgi e gli abitanti del piccolo Lussemburgo si tenevano stretti fra loro in una organizzazione chiamata Benelux. Parlavano per forza di cose sia il francese sia il tedesco e dalla loro cosmopolita Bruxelles flirtavano con tutti tenendo comunque per sé le decisioni chiave. A loro va il merito di aver fondato la prima e più antica delle istituzioni europee per l'oncologia: la Eortc, European Organization for Research and Treatment of Cancer.

Per piazzare l'Eortc a Bruxelles e non farsela portar via dai Paesi più grandi, gli oncologi del Benelux seguirono la vecchia tattica di coinvolgere i potenziali avversari e invitarono a far parte del primo consiglio direttivo il celebre oncologo francese Georges Mathé, che anni dopo si ammalò di depressione per non essere riuscito a guarire dal cancro il presidente Pompidou; l'inglese Walter Bodmer, che oggi è Sir e si gode la pensione tra Oxford e Cambridge; e il nostro Silvio Garattini, che come tutti noi italiani di pensione non vuol neppur sentir parlare e che infatti ha appena inaugurato la nuova sede del suo Istituto di ricerche farmacologiche Mario Negri.

L'Eortc cominciò subito a crescere e a ricevere finanziamenti da tutta Europa, perché aveva capito l'importanza della collaborazione internazionale all'interno del «nuovo» continente. Gli inglesi mantenevano il loro strabismo con un occhio a Washington e uno su Bruxelles, ma non si perdevano una riunione. Persino gli americani vennero ben presto ad aprire un ufficio nella capitale belga. L'idea geniale era stata quella di lanciare ricerche cliniche cui tutti potessero partecipare aderendo a un protocollo predefinito e concordato, trasformando così in conoscenza scientifica il loro lavoro quotidiano di cura dei malati.

Cominciammo ad abituarci al *bad English*, il cattivo inglese, come lingua ufficiale e durante le riunioni si poteva capire a occhi chiusi la provenienza del collega che prendeva la parola, tanto erano immediatamente riconoscibili l'inglese-francese, l'inglese-tedesco, l'inglese-greco eccetera. Noi italiani eravamo un po' timidi e sapevamo di non avere retrovie. Il nostro servizio postale era il peggiore d'Europa e non riuscivamo mai a ricevere né a spedire nulla in tempo. I nostri treni e i nostri aerei erano sempre in ritardo, i nostri ragazzi migliori erano andati a lavorare nei grandi laboratori americani.

Ma col tempo cominciammo a prenderci gusto e imparammo ad arrangiarci, come da sempre, *in secula seculorum*... prendevamo sempre il treno o l'aereo della sera prima, così ci presentavamo alle riunioni sorridenti e puntuali come gli svizzeri, andavamo in auto a spedire la posta da Lugano, usavamo i corrieri e cominciammo, anche grazie al Cnr, a rammodernare i nostri laboratori tanto che qualcuno si decise a tornare. Erano i cosiddetti BA, *Been in America*, che ragionavano in modo completamente diverso da noi, ma che subito imparammo ad apprezzare e a seguire.

Capii che l'Europa era la strada giusta e assieme ai miei collaboratori presi per primo l'iniziativa di fondare la Società Europea di Chirurgia Oncologica, in inglese European Society of Surgical Oncology, in acronimo Esso. Naturalmente fui eletto primo presidente e mi divertivo a presentarmi come presidente della Esso, perché tutti pensavano subito al petrolio e alla benzina, coprendomi di attenzioni, salvo poi scoppiare a ridere quando scoprivano che la mia Esso non era quella dove si faceva il pieno...

Tramite la Esso fondai la Eso, cioè la European School of Oncology, insieme ad Alberto Costa che ancora oggi, dal 1982, la dirige e la guida assieme all'ineguagliabile Ugo Rock che la amministra e la protegge. Giocammo la carta della tradizione italiana di insegnamento della medicina, delle storiche facoltà di medicina delle università di Padova e Bologna, e ci andò bene. Tutti riconobbero all'Italia il diritto-dovere di coordinare le attività di insegnamento e quando gli olandesi provarono a lanciare una «contro-scuola», anch'essa europea ma con sede nei Paesi Bassi, il comitato internazionale li lasciò isolati.

Quella volta rispondemmo duramente, grazie a risorse tutte tipicamente italiane, la generosità e la bellezza ineguagliabile del nostro Paese. La generosità fu quella della famiglia Necchi: ciascuno di noi aveva avuto in casa una delle loro macchine per cucire. Il buon ingegner Campiglio, sposato a Gigina Necchi e ammalato di cancro alla prostata, mi aveva chiamato nella sua fantastica casa milanese di via Mozart, in pieno centro città con piscina e campo da tennis, oggi proprietà del Fai e aperta al pubblico, per raccontarmi la sua storia e per comunicarmi «importanti decisioni».

La sua storia era purtroppo quella già sentita tante volte: un anno intero di dolori ossei scambiati dal medico curante per artrosi e dovuti in realtà a metastasi di un cancro della sua prostata cui nessuno aveva pensato. Le importanti decisioni erano quelle di lasciare alla nostra Scuola Europea un rilevantissimo vitalizio che le avrebbe permesso di operare praticamente per sempre nel campo della formazione e dell'aggiornamento di medici e infermieri.

L'ingegnere aveva capito che era sì importante sostenere la ricerca sul cancro, ma che era anche essenziale garantire il rapido passaggio delle nuove conoscenze dai centri di ricerca fino all'ultimo medico di famiglia, dalla cui competenza ed esperienza può dipendere la guarigione di tanti malati.

La seconda parte della risposta all'«attacco» degli olandesi fu l'apertura di una sede a Venezia, e precisamente sull'isola di San Servolo, dove una volta si trovava il manicomio femminile. In effetti eravamo un po' matti in quegli anni e non ce lo nascondevamo. Ma la parola Europa ci guidava e nessuno seppe resistere alla bravura dei nostri insegnanti, alla bellezza dei giardini dell'isola e alla bontà del cibo che ci mandava Arrigo Cipriani con il suo motoscafo.

Gli olandesi batterono in ritirata e oggi sono tra i nostri più straordinari alleati, tanto che proprio a Bob Pinedo di Amsterdam abbiamo affidato la direzione del nostro Masterclass europeo in oncologia, mentre a Lex Eggermont di Rotterdam abbiamo lasciato la guida dei programmi di insegnamento della ricerca e della chirurgia.

Anche la commissione europea si accorse del nostro fiorire di iniziative e quando il presidente francese Mitterrand si ammalò di cancro alla prostata, l'allora capo dell'esecutivo di Bruxelles, Jacques Delors, diede ordine ai suoi di studiare un programma europeo dedicato al cancro. Nacque Europe Against Cancer, Europa contro il cancro, affidato nei primi anni – guarda caso – a un francese, il grande Maurice Tubiana, e poi passato a me per il lancio del cosiddetto Codice europeo: dieci comandamenti contro il cancro, elaborati dalla nostra scuola e tradotti con grande successo in tutte le lingue del vecchio continente.

Furono anni di grandi progressi e di incontri decisivi. Ebbi il privilegio di conoscere personalmente alcune tra le più importanti figure politiche del momento e mi accorsi che spesso il «personaggio» coincideva in tutto e per tutto con la «persona». Mitterrand, per esempio, ci riceveva rivolgendosi a noi dall'alto della sua pedana, mentre Kohl mangiava davvero wurstel e crauti anche ai pranzi ufficiali e Padraigh Flynn, commissario irlandese, invitava tutti a tenere le riunioni a Dublino e andava personalmente in giardino a raccogliere la torba da mettere sul fuoco. Imparai allora che in Irlanda la sera è bene accendere il caminetto anche in agosto.

Margaret Thatcher, però, batté tutti. Chi nega di aver provato emozione entrando al numero 10 di Downing Street mente non solo agli altri, ma anche a se stesso. Perché appena scesi dall'auto al di là della strada, già cominciammo a sentire sulla pelle la presenza del potere. Il pensiero che un ingresso di casa così ordinario potesse aprire l'accesso a uno dei luoghi di decisione più importanti del mondo accresce la sensazione di tempo sospeso. Quando vi avvicinerete alla porta, verrà ad aprirvi un *bobby* in camicia bianca a maniche corte. E poco importa che sia pieno inverno e che voi siate tutto imbacuccato.

Quando entrai per la prima volta al 10 di Downing Street, ero parte di una delegazione di esperti europei che aveva il compito di sensibilizzare i capi di stato e di governo al problema del cancro al polmone provocato dal fumo di sigarette. Margaret Thatcher arrivò dal fondo del corridoio, camminando sovrappensiero come se avesse dimenticato qualcosa in cucina. Ci sorrise un po' sorpresa, come se avesse realizzato solo in quel momento che aveva un impegno con noi. Ci fece accomodare in salotto, come una zia già un po' avanti con gli anni, felice di rivedere i suoi nipoti dopo tanto tempo, ma anche leggermente contrariata per aver interrotto la sua amata routine.

Ci servì il tè personalmente, uno a uno, cominciando dal capo delegazione, nonostante fosse francese. Stette ad ascoltare le nostre argomentazioni, poi indicò un vecchio ed elegante divano, nell'angolo più bello della sala, vicino alla finestra.

«Su quel divano» esordì «ogni sera Winston Churchill beveva il suo bicchiere di whisky e fumava il suo sigaro: perché non morì di cancro al polmone?»

Senza saperlo la sua intelligenza straordinaria aveva colto nel segno, anticipando quanto poi avremmo capito scoprendo i geni della predisposizione al cancro polmonare, fattore essenziale insieme al fumo per far insorgere la malattia. Ma evidentemente riuscimmo a essere comunque convincenti, perché anche la Gran Bretagna aderì al programma che qualche mese dopo avrebbe fatto apparire sui pacchetti di sigarette di tutta Europa scritte molto visibili ed esplicite sui pericoli del fumo.

La nostra Europa, per fortuna, non è stata quella della guerra delle sardine o delle arance, ma quella dell'unificazione culturale, dello sviluppo scientifico, del piacere di riconoscere le nostre radici comuni, come quando ascoltiamo l'*Inno alla gioia* o, in coda all'aeroporto, notiamo che anche gli altri hanno un passaporto come il nostro. Una sensazione che non si è mai più ripetuta e che mi ricordava il vento speciale di pace e di progresso che aveva soffiato sul mondo qualche decennio prima, ai tempi di Indira Gandhi, Papa Giovanni XXIII, John Kennedy, Nasser e il Maresciallo Tito.

Una sensazione che qualcuno ebbe anche l'idea di trasformare in business, come Robert Maxwell, detto Bob. Aveva acquistato la Pergamon Press di Oxford, casa editrice dell'«European Journal of Cancer», la nostra rivista scientifica, e ci invitò tutti per presentarsi e conoscerci. Ci sentimmo subito in sintonia e diventammo amici. Fu per me una grande sorpresa apprendere dai giornali, diversi anni dopo, che si era buttato (o era stato buttato) in mare, ubriaco, dopo la dichiarazione di fallimento della sua società e dopo l'accusa di essersi mangiato anche i fondi pensione dei dipendenti.

Maxwell era un omone enorme, affabile, dalla voce piena e forte. Rimase affascinato dalla nostra idea della Scuola Europea di Oncologia e disse che ci avrebbe coinvolti nel lancio della sua nuova rivista, «The European», un tabloid settimanale che cercò di diffondere in tutta Europa provando a vincere – senza successo, purtroppo – le barriere linguistiche che ancora dividevano nettamente i vari Paesi del vecchio continente.

Alberto Costa si impegnò a distribuire la rivista a tutti i corsi e le riunioni della nostra Scuola e mandò a Maxwell un progetto di rubrica sulla salute, molto articolato come suo solito, basato su una rotazione di argomenti cardiologici, neurologici e oncologici. Alberto candidava la nostra scuola a farsi carico della rubrica oncologica. Maxwell lo fece rintracciare immediatamente (era ad Amsterdam in riunione) per saperne di più e, poiché era già pomeriggio, lo invitò per il breakfast l'indomani alle sette.

Alberto si ritrovò come in un film: ricevette da non seppe mai chi un biglietto per Londra, dove trovò un'auto nera ad attenderlo addirittura sulla pista. Gli consegnarono una camicia nuova per il mattino dopo (come diavolo fecero ad indovinare la misura, non lo sapremo mai) e lo portarono in albergo. La stessa auto venne a prenderlo il giorno dopo per portarlo a casa di Maxwell, all'ultimo piano di un palazzo al centro di Londra. Per colazione Bob si «accontentava» di un paio di piatti di cereali e latte, di una sogliola fritta (di Dover, naturalmente) con una montagna di patatine, di un po' di frutta e un fiume di caffè e tè.

Ascoltò con grande attenzione la presentazione che Alberto fece del nostro progetto, lo ringraziò e disse che voleva mantenere la promessa di farlo arrivare a casa per pranzo, visto che era sabato e il weekend era sacro anche per lui. Fece un cenno con la mano e apparve un tizio vestito da pilota che lo invitò a seguirlo su per una scala a chiocciola che portava al tetto del palazzo. Si trovò di fronte a un elicottero col motore già acceso e, mentre Maxwell salutava, si vide portar via lungo il Tamigi come nel *Peter Pan* di Walt Disney. L'elicottero atterrò a Heathrow, la solita auto nera lo accompagnò direttamente a un aereo della British Airways diretto a Milano, sul quale salì di corsa dopo un rapido controllo dei documenti. Arrivò a casa in perfetto orario per il pranzo e una settimana dopo ricevette in una busta anonima un assegno pari a tre mesi del suo stipendio di allora, con un grande «Thank you» scritto a mano da Bob.

Europa, per molti di noi, significa anche l'emozione per la nascita dell'euro e la nostalgia per le variopinte monete nazionali, che si mischiavano nelle tasche quando si viaggiava da una capitale all'altra. Significa l'orgoglio per le forze di pace che intervengono nelle zone di conflitto e la consapevolezza del lungo cammino comune che ancora resta da fare nel campo della ricerca scientifica.

Qui, come spesso accade, il nodo è quello dei finanziamenti, ma non perché i ricercatori sentano il bisogno di organizzare anche un coro europeo di lamentele a sostegno dell'ennesima richiesta di soldi: non abbiamo ancora avuto la forza di fare il passo decisivo verso la creazione di un budget federale per la scienza, quello che invece gli americani hanno saputo creare e che li ha portati ai livelli di innovazione che tutti conosciamo. Negli Stati Uniti, infatti, non è certo lo Stato del Nevada o della Florida a stanziare i fondi per la ricerca scientifica, ma è il bilancio federale di Washington che distribuisce le risorse per tutto il Paese. Da noi Bruxelles non ha questa possibilità e i fondi per la ricerca rimangono nazionali con due effetti deteriori: quello della loro sistematica riduzione (tagliare i fondi per la ricerca è l'atto più semplice che si possa immaginare quando si devono ridurre le uscite) e quello della continua duplicazione di ricerche da Stato a Stato per mancanza di coordinamento.

La riflessione sull'Europa non si spegnerà nelle nostre menti fino a che non riusciremo a raggiungere lo scopo di un solido fondo comune per la ricerca scientifica, al riparo dai tagli dei governi nazionali – che sembra non sappiano tagliare nient'altro che fondi per la ricerca – e libero di essere utilizzato in base al merito delle proposte e alla priorità degli obiettivi.

La guerra al cancro, l'impegno politico e la battaglia per la pace

Tra le tante fortune che ho avuto, c'è quella di aver potuto vivere con tale intensità le fasi della mia esistenza da poterle quasi definire vite diverse. Subito dopo la guerra ho avuto la possibilità di concludere l'università e di laurearmi quando davvero qualcosa cominciava a cambiare nella comprensione scientifica del fenomeno cancro. Ebbi la fortuna di andare subito all'estero, in Inghilterra, e di venire a contatto diretto con chi aveva già capito che alcune armi chimiche, preparate dagli Alleati in vista di un conflitto mortale con i nazisti, avrebbero in realtà potuto rivelarsi strumenti straordinari per l'altrettanto nobile causa della guerra al cancro.

Furono gli anni dedicati intensamente alla ricerca scientifica, all'applicazione di ciò che avevo appena studiato, allo sforzo di comprendere quale avrebbe potuto essere il modo migliore di esercitare la mia professione di medico. Come ho spiegato diverse volte in passato, fui attratto inconsciamente dalla sfida rappresentata dall'Istituto dei Tumori di Milano che, all'epoca, veniva considerato poco più che un lazzaretto, un luogo dove si entrava solo per uscirne defunti.

Ho passato più di quarant'anni della mia vita in quelle camere, in quelle sale operatorie, su e giù per quelle interminabili scale che univano i laboratori di ricerca ai piani di degenza, alla biblioteca, agli uffici in cui elaboravamo i dati.

Da semplice assistente un po' spaesato a direttore generale e scientifico, è lì, in via Venezian, che ho maturato la mia professionalità di chirurgo e il mio impegno di ricercatore scientifico. Qualcuno ha recentemente definito l'Istituto dei Tumori di Milano la via Panisperna dell'oncologia, facendo un cortese ed elegante paragone con la scuola romana di fisica in cui si formarono le menti più brillanti di quel settore. Infatti, quasi tutti gli oncologi che oggi dirigono gli istituti italiani di ricerca sul cancro, i loro laboratori o i loro reparti, sono in qualche modo legati a quell'indirizzo, ci sono passati più volte, ci hanno speso un po' della loro vita.

Gli anni della guerra al cancro sono anche quelli che forse mi hanno più caratterizzato agli occhi del mondo esterno. È per quel tipo di impegno che, a volte mio malgrado, sono diventato un punto di riferimento nell'opinione pubblica, e con la guerra al cancro sono stato quasi identificato dai giornali e dalla televisione. Il mio nome e il mio volto sono diventati suoi sinonimi e, in tutta franchezza, penso anche di poter dire di non essermi risparmiato.

Da giovane dottore organizzavo persino nelle parrocchie delle serate aperte al pubblico per parlare apertamente di tumori, di prevenzione e di cura. Da maturo professore ho scritto centinaia di articoli, libri, pamphlet sullo stesso argomento, contribuendo obiettivamente a sdrammatizzare la parola cancro in Italia, a dare una nuova speranza a chi se ne ammalava, a convincere Stato e privati a investire sempre di più nella ricerca scientifica oncologica.

Non vorrei dare l'impressione che sia stata una passeggiata. Ho avuto momenti di terribile sconforto, quando speranze scientifiche di apparente grande spessore si sono infrante contro l'evidenza dei dati. Credo di aver persino spaccato qualcosa preso dalla rabbia e dalla delusione, quando uscirono le prime impietose valutazioni, per esempio, della non efficacia dell'interferone.

Sembrava davvero di essere a un passo dalla soluzione, sembrava tutto così logico, così coerente: la teoria immunologica aveva dimostrato che l'organismo umano non sapeva difendersi dal cancro e che per farlo avrebbe avuto bisogno di quantità molto maggiori di difese immunitarie, gli esperimenti di laboratorio avevano dimostrato che questo obiettivo poteva essere raggiunto proprio con l'interferone, le industrie erano riuscite a produrlo in quantità sufficiente. I risultati clinici, però, ci delusero profondamente.

Mentre per tutti continuavo a essere il nome e il volto della guerra al cancro, tuttavia, andava prendendo corpo dentro di me un'altra fase della mia vita o, se si preferisce, si sviluppava un aspetto nuovo che era comunque intimamente legato ad essa, quello dell'impegno politico.

Avendo preso sempre posizione a favore della medicina pubblica, del servizio sanitario nazionale, dell'impegno laico per un progresso sociale per tutti e non per la difesa dei privilegi di pochi, sono sempre stato definito e percepito come un progressista, un democratico, un laico di volta in volta un po' radicale, un po' liberale e un po' socialista.

Ma al di là delle diverse prese di posizione politica, con cui ho di volta in volta deciso di identificarmi, ciò che cominciò ad affascinarmi a un certo punto della mia maturazione professionale fu il legame intimo e profondo fra scienza e politica, tra medicina e società.

Ho cominciato a riflettere sul fatto che una buona parte dei nostri progressi contro il cancro erano stati ottenuti grazie a interventi non solo scientifici, ma anche legislativi, per esempio con l'introduzione del concetto di sostanza cancerogena e con la sua eliminazione dall'ambiente umano.

Rivalutai i grandi meriti di chi aveva dimostrato la pericolosità di certi diserbanti e aveva aiutato la società a liberarsene, apprezzai fino in fondo il contributo di medici del lavoro come Salvatore Maugeri, che impegnò la sua Fondazione nella difesa dall'esposizione ai cancerogeni dei lavoratori dell'industria dei coloranti e della manifattura delle scarpe.

Per decenni mi sono anche battuto contro il fumo e ritengo di poter a buon diritto rivendicare il merito dell'introduzione della legge fatta approvare anni dopo in Parlamento dal collega Sirchia: essa portò l'Italia a essere il secondo Paese al mondo, subito dopo l'Irlanda, a bandire per legge il fumo da ogni locale pubblico, con enormi benefici in termine di salute e benessere per vasti strati della popolazione.

Ho poi cominciato a realizzare – e quindi a scrivere e ad affermare – che il nuovo millennio aveva inaugurato l'era della medicina del dialogo, del rapporto paritario fra medico e paziente, lasciandosi alle spalle la fase paternalistica o ipertecnicista della scienza medica, che relegava il paziente e i suoi familiari, proprio nel momento critico della malattia, in una posizione di debolezza e smarrimento.

Ricordo che per me non si trattava di una semplice questione di approccio, ma di una vera e propria scoperta scientifica, che inaugurò una nuova fase della mia vita. Cominciai a battermi per far capire che un paziente informato e cosciente può sviluppare un rapporto di fiducia con il suo medico, e non di semplice dipendenza, e che può quindi partecipare più responsabilmente alle scelte terapeutiche che lo riguardano perché esse terranno conto del suo progetto di vita e della globalità della sua persona.

Così, dopo essere stato per tanti anni quasi identificato con la guerra al cancro, mi sono ritrovato a essere il paladino del testamento biologico come forma di tutela della volontà della persona. Forse ho perso un po' di popolarità, perché l'argomento è molto più complesso e insidioso, ma ho guadagnato maturità e capacità di riflessione.

Che cos'è in realtà il testamento biologico? La legge italiana, con l'obbligo del consenso informato alle cure, sancisce il diritto per ogni paziente di conoscere la verità sulla propria malattia e di acconsentire o meno alle cure proposte. Nessun medico può somministrare un trattamento a un malato senza prima averlo informato dei risultati previsti, dei rischi connessi e degli effetti collaterali e, quindi, aver ottenuto il suo benestare. Il consenso informato è dunque una grande conquista etica dei nostri tempi, perché permette al cittadino che necessita di terapia di decidere se e a quali cure sottoporsi.

Il testamento biologico è la logica estensione del consenso informato: si tratta infatti della volontà della persona, espressa in condizioni di buona salute, di disporre o rifiutare delle cure anche quando la capacità di decidere fosse irreversibilmente persa. In sostanza è il modo per stabilire a priori e in anticipo quel consenso o dissenso che ogni paziente ha diritto di esprimere sulle cure, anche di solo sostegno, che gli vengono proposte.

Il testamento biologico è nato anni fa negli Stati Uniti, perché una parte della popolazione non accettava l'ipotesi di dover affrontare lo stato vegetativo permanente, ossia la sopravvivenza dei propri organi senza però le funzioni cerebrali, uno stato in cui il corpo rimane per anni incarcerato in un letto senza coscienza, pensiero, sensibilità. Il testamento biologico è un documento di poche righe, una sorta di procura nella quale – dopo aver indicato i propri dati anagrafici e nominato un fiduciario – ogni adulto in grado di intendere e di volere che desideri rifiutare la vita artificiale, sottoscrive una breve dichiarazione, nel caso perdesse la capacità di esprimersi (si pensi al coma irreversibile). Al fiduciario, che potrà essere un familiare, un medico, un amico, un sacerdote o qualsiasi persona considerata appunto «di fiducia», spetterà il compito di informare i medici curanti dell'esistenza del documento di autodeterminazione. La dichiarazione deve essere compilata di proprio pugno in due copie: una per il diretto interessato, una da consegnare al fiduciario ed eventualmente una terza copia da depositare dal notaio o dal legale di fiducia.

È partecipando per tanti anni alla guerra contro il cancro che ho compreso l'importanza di questi problemi, la complessità dei temi etici, la profondità dei dilemmi che medici e pazienti si trovano a volte ad affrontare. Nel 2003 ho nuovamente deciso, senza grandi esitazioni, di metterci – come si dice – il nome e la faccia e ho destinato le risorse finanziare che avevo ricevuto da premi e donazioni alla costituzione della Fondazione Umberto Veronesi. Uno dei compiti della Fondazione è stato proprio quello dell'impegno nella diffusione della cultura della scienza e con essa dei diritti dei malati, di cui il testamento biologico è espressione. Su questo punto ho riscontrato la straordinaria disponibilità e collaborazione di molti giuristi, esperti di bioetica e rappresentanti della società civile. Come ormai è uso comune, tutte le informazioni sulla Fondazione sono disponibili su internet, all'indirizzo www.fondazioneveronesi.it.

Sono così convinto dell'importanza di questo impegno che ho sentito il dovere di dargli un profilo istituzionale. Per questo, insieme al collega senatore Ignazio Marino, ho presentato nel luglio 2008 un disegno di legge in nove semplici articoli intitolato «Disposizioni in materia di consenso informato e di dichiarazioni anticipate di volontà».

Lo sviluppo della Fondazione che porta il mio nome è andato ben oltre le mie aspettative. Continuiamo a ricevere quasi ogni giorno da un lato contributi generosi da ogni parte d'Italia e dall'altro idee sempre nuove per cui vale la pena di impegnare risorse ed energie. La mia esperienza umana si arricchisce di una nuova ulteriore dimensione, originata dalla consapevolezza del fatto che il cancro – il mio grande nemico – è sì un aspetto importante di ciò che ci impedisce di vivere bene, ma è la salute nel suo insieme che va preservata e garantita e che tutto questo non si realizza senza fiducia collettiva nella forza innovativa e civilizzatrice del pensiero scientifico.

Le battaglie per la scienza e la salute, l'istruzione e il lavoro, la mobilità, la scelta procreativa consapevole, come quella per il diritto ad avere cibo sufficiente, acqua incontaminata e aria non inquinata, esercitano su di me un fascino straordinario e ancora una volta mi considero molto fortunato perché posso affrontarle ogni giorno con nuove energie e nuove idee.

Sostenuto da tanti generosi donatori, tra cui in particolare la Fondazione Tronchetti Provera, ho fatto di questi temi l'oggetto di un programma di conferenze internazionali intitolato *The Future of Science*, con l'obiettivo di un'alleanza sempre più forte fra scienza e società. E tale è stato, di nuovo, il successo di questa iniziativa, che quasi diventa difficile ricordare tutti i premi Nobel e gli scienziati di fama internazionale che insieme a Chiara Tonelli, professore di genetica all'università di Milano Bicocca ed esperta e competente organizzatrice delle conferenze, abbiamo invitato alla Fondazione Cini di Venezia negli ultimi anni.

Il percorso che ho seguito negli anni dell'impegno politico, come ministro della Salute, ha allargato ulteriormente i miei orizzonti, ma mi fa quasi tenerezza – se i mondi seriosi della scienza e della politica mi consentono l'uso di questo termine – vedere che sono quasi tornato da dove ero partito, come Ulisse alla sua Itaca: i miei primi studi riguardarono sostanze chimiche usate in guerra e oggi vedo con assoluta nitidezza che la guerra va cancellata dalla faccia della terra.

Non si può parlare di pace senza un'azione simultanea perché vengano al contempo eliminate alla radice le cause dei conflitti e drasticamente ridotti gli armamenti. Approfondendo questo argomento mi sono accorto dell'incredibile enormità di risorse economiche che il mondo disperde in questi strumenti di sangue e morte, invece di metterli a disposizione della vita e del progresso.

A volte le cose si manifestano nella loro evidenza in modi del tutto inaspettati. Andando qualche mese fa in Canton Ticino per una conferenza, mi sono reso conto solo all'ultimo momento che alla frontiera di Chiasso non mi avevano chiesto i documenti. La coda di auto fluiva molto più rapidamente che in passato, le divise degli agenti in servizio erano solo quelle della Guardia di Finanza dal lato italiano e della Guardie di Confine dal lato svizzero.

Non c'è più la polizia? Proprio così, con l'entrata in vigore del trattato di Shengen anche tra Svizzera e

Paesi confinanti si è ulteriormente allargata l'area di libera circolazione in Europa. Ma gli eserciti non dovevano servire a difendere i confini? E se i confini diventano virtuali e li riduciamo ad accordi geografici solo formali, allora che bisogno c'è degli eserciti? Non è forse cambiata la natura delle minacce che ci circondano? Terrorismo, catastrofi naturali e insicurezza hanno preso il posto delle «armate nemiche» nella nuova fisionomia della paura globale, una richiesta di sicurezza alla quale si può rispondere solo con la cooperazione internazionale.

Ecco perché la scienza deve battersi per la pace. Il primo a rendersene conto con straordinaria lucidità fu proprio Albert Einstein, perché la scienza, come l'arte e lo sport, è generatrice di intesa e collaborazione fra i popoli, mentre la politica e l'economia sono spesso strumenti di divisione.

La scienza non va fuori tema se cerca di comprendere l'aggressività umana, l'origine delle guerre e dei conflitti religiosi, perché se l'umanità non riuscirà a superare questi continui ritorni al passato, non riuscirà neppure a determinare positivamente il suo futuro.

Come ben mi ha spiegato un giorno l'amico Amedeo Santosuosso dell'università di Pavia, anche il diritto può essere un grande alleato in un processo di pace che veda la scienza come forza trainante. Tra i giuristi di tutto il mondo è infatti in corso un dibattito di straordinario interesse che vede nuove categorie costituzionali affiancarsi a quelle tradizionali, fondate in passato sul concetto di Stato-Nazione: la sovranità è ridimensionata dalle ragioni dell'interconnessione, la legge nazionale dai processi di universalizzazione del diritto e il riferimento al territorio dalla «de-territorializzazione» di molte delle attività umane.

Il diritto si trova a fronteggiare i problemi, per definizione non limitati ai confini nazionali, sollevati dalla scienza e dalle sue applicazioni e ne diventa quindi un potente alleato nella capacità di generare pace e di prevenire guerre imminenti.

Prevenire, parola a me così familiare per averla usata tutta la vita a proposito del cancro, torna nel mio lessico quotidiano con una forza e un significato del tutto nuovi.

Donne

Quando negli anni Sessanta cominciai a occuparmi di tumore al seno, ero circondato da un ambiente sostanzialmente misogino, mentre io mi sentivo profondamente interessato alle donne e al loro mondo. Forse per questo motivo, quasi inconsciamente, mi sono presto concentrato su questa patologia. Ascoltavo per ore, letteralmente affascinato, i racconti delle pazienti che venivano a farsi visitare.

«Stavo facendo la doccia, l'altro giorno, e ho sentito un nodulo duro, qui nella mammella sinistra, proprio vicino al capezzolo. Non me n'ero mai accorta, neppure mio marito l'ha mai sentito. Ho paura.» Per decenni ho continuato ad ascoltare questo racconto, sempre uguale e sempre diverso. Ho continuato a provare gioia vera quando pungendo il nodulo duro usciva liquido chiaro e sieroso e mi sorprendevo a esclamare: «È una cisti! Non è nulla!». Mentre mi sentivo gelare il sangue quando l'ago faceva fatica ad entrare, quando non usciva liquido e mi toccava dire: «Mi spiace, temo lei abbia un tumore, dobbiamo operarla».

Anche se per anni ho vissuto con il loro dolore, non ho mai dimenticato che il mondo delle donne è fatto anche di sorpresa, magia, stupore. Una volta ero con alcuni miei allievi e collaboratori a Mosca. La riunione che ci attendeva il giorno dopo era molto importante, ma quel pomeriggio decisi di dedicarmi, insieme a loro, a un po' di cultura. La giovane studentessa di letteratura russa che ci faceva da guida per la città non sembrava molto esperta, ma quando cominciò a declamare Majakovskij ad alta voce divenne davvero affascinante. Estasiati e incantati come bambini davanti a una fiaba di cavalieri medievali, restammo ad ascoltarla fino quasi all'alba, senza comprendere una sola parola di quello che la nostra musa esclamava o sussurrava, ma sentendo fin sotto la pelle che qualcosa di molto speciale stava accadendo in quella grande stanza dell'Hotel Rossia di Mosca. Sono cose che accadono raramente fra uomini e donne che non si conoscono. Fra uomini e donne prigionieri dei loro stereotipi: i primi con più anni e più soldi, le seconde con più ansie e più determinazione.

Come faremo a combattere contro il tumore al seno se siamo maschi? Come faremo a capire che cosa si prova a essere una madre ammalata se siamo padri e sani?

Molte risposte arrivarono quella sera a Mosca. La più importante fu che si può capire Majakovskij anche senza sapere il russo.

L'umanità deve moltissimo alle donne. Da quando esiste la specie umana, si sono dedicate anima e corpo alla famiglia e alla società. È ora che la società restituisca loro qualcosa, anzi molto. Gli uomini, tranne qualche rara eccezione, non ne sono granché capaci, ma è anche vero, paradossalmente, che non sempre le donne sembrano trovare la forza necessaria per dire: «Adesso basta».

Forse perché il mondo che le circonda ha insegnato loro, in secoli e secoli di sottomissione, che essere remissive è una virtù, mentre alzare la testa è disdicevole. Anche la religione, per esempio, mi pare abbia delle grandi responsabilità in questo senso. Ho molto rispetto per diversi aspetti delle religioni, ma su questo punto resto convinto che – almeno le tre grandi religioni rivelate – abbiano sostanzialmente fallito. Non solo perché in migliaia di anni non hanno mai avuto il coraggio di nominare un vescovo o un imam donna (i rabbini donna in verità esistono e non sono più una rarità, ma rimangono pur sempre una netta minoranza), ma soprattutto perché chi influenza i comportamenti delle rispettive società è quasi sempre non solo uomo, maschio, ma anche vecchio. Tutte le religioni, per esempio, guidate spesso da uomini avanti con gli anni, finiscono per insistere su questioni accademiche, e in un certo senso irrilevanti rispetto alla vita di tutti i giorni, trascurando di occuparsi dei grandi temi come la pace, la giustizia sociale, il diritto di ogni uomo a una quantità adeguata di cibo, all'educazione, al lavoro.

Le donne rimangono ancora troppo emarginate, troppo poco artefici del destino delle nostre società. «Chi, quando si creano delle realtà familiari, si trova a decidere se accudire la famiglia o lavorare? Non di certo l'uomo. L'aspettativa è che sia la donna a farsi carico di tutto» dice Paola Muti in una bella intervista sul suo ritorno in Italia dopo dodici anni di Stati Uniti e sulla sua difficile vita di ricercatrice (e di direttrice dell'Istituto Regina Elena di Roma), in armonia/conflitto permanente con quella di moglie e di madre. I suoi dati sulle differenze di opportunità fra uomo e donna nel mondo della ricerca scientifica sono impressionanti e bene ha fatto Onda, l'Osservatorio Nazionale sulla Salute della Donna, fondato e diretto con molta lungimiranza da Francesca Merzagora, a presentarli pubblicamente.

Ogni volta che affronto questo argomento mi viene in mente un simpatico episodio di qualche tempo fa su un volo verso Londra.

Ero seduto al mio posto, con la cintura allacciata, quando la mia compagna di viaggio, una delle migliori biologhe del nostro laboratorio, mi disse sorridendo: «Caro professore, una delle tante ragioni della mia invidia nei suoi confronti – invidia affettuosissima s'intende – è che si vede benissimo che per lei è naturale alzarsi da tavola dopo cena e andare in poltrona a leggere il giornale o sul divano a proseguire la conversazione con il suo ospite. Banale vero? Se vuole, anche un po' prosaico. Eppure mi chiedo spesso se mai un giorno potrà essere così anche per me, visto che invece, tranne nei pochi giorni di vacanza, quando mi alzo da tavola devo andare dritta in cucina a riempire la lavapiatti.»

Pur non avendo molta confidenza con gli elettrodomestici, sapevo bene cos'era una lavapiatti, ma non capivo dove la mia brillante interlocutrice volesse arrivare.

«Non che il mio compagno non lo voglia fare, anzi, poverino, si offre quasi ogni sera, ma io sono un po' maniacale in queste cose e metto i piatti in fila come i vetrini in laboratorio e voglio che nostri i bicchieri brillino come le nostre provette. Così lui comincia a preparare i bambini per metterli a letto. Lo fa con grande buona volontà, ma intanto legge sul blackberry le email che gli arrivano dall'America. Maledetto fuso orario! Quelli sono nel pieno del lavoro proprio quando noi crolliamo di sonno... e lui gira per la casa in cerca dei pigiami dei bambini. Se passa davanti al pc vede altre email e non resiste a fermarsi per aprire un allegato. "Vieni a vedere che reazione hanno ottenuto alla nostra molecola" mi grida mentre finalmente spingo col sedere la porta della lavapiatti e con le mani finisco di mettere in ordine i barattoli.»

Ero ansioso di cominciare a discutere con lei le diapositive che mi aveva preparato per la conferenza, ma non riuscii a interromperla.

«Scusi professore se la tedio con queste cose invece che farle vedere le diapositive che mi ha chiesto di prepararle, ma sa, non capita tutti i giorni di averla seduto a fianco a me, perfino legato da una cintura di sicurezza. Per una volta si sorbisca anche la storia di quello che c'è dietro le diapositive. A proposito di storia, per il mio compagno vale la regola per cui, dopo poche pagine di storiella della buonanotte – a volte dopo poche righe – è lui ad addormentarsi e non i bambini. Ma che vuole farci? È un po' come la lavapiatti, non ci faccio più caso. Gli sfilo il libro dalle mani, lascio che la testa gli cada sul cuscino, spingo i bimbi un po' più in là dicendo di lasciar dormire il papà e di chiudere gli occhi. Con me loro lo fanno subito e dopo un minuto dormono sodo. Sarà il tono della voce, sarà che sanno che non scherzo...

«Ci sono solo due cose che avrebbero svegliato il mio compagno ieri sera: mostrargli una stampata dell'esperimento mandato dagli americani o presentarmi con indosso un paio di calze autoreggenti. Al pensiero di leggere altri numeri e tabelle dopo una giornata in laboratorio, mi è venuta di colpo la nausea e ho deciso di spegnere il pc, senza neppure seguire bene le procedure (mi ammazzerà domattina?). Le calze autoreggenti ero proprio sicura di averle, ma non sono riuscita a trovarle. A pensarci bene, forse poi a tutti e due sarebbe comunque venuto in mente che non avevamo ancora finito di preparare le diapositive per il professor Veronesi...

«Così l'ho lasciato dormire, ho chiuso i cassetti della biancheria, ho riacceso il computer e ho ritrovato il file delle sue diapositive. Dunque, le dicevo... in questa abbiamo messo in ascissa il tempo e in ordinata il numero delle cellule. La linea che ne risulta esprime l'effetto del farmaco...»

Mi rendo conto solo ora di quanto mi siano rimaste impresse le parole della mia compagna di viaggio. Da quel racconto inaspettato emergeva il ritratto di una biologa, di una moglie, di una madre. Pensavo alla sua determinazione, alla lucidità, alla resistenza e mi sentivo in colpa per il suo stipendio che non arriva a duemila euro e per le lavapiatti che non ho mai riempito.

Eppure penso spesso a questo problema della fatica doppia e tripla che la nostra società impone alle donne. Anche la politica, che fino a pochi anni fa sembrava fosse pronta a fare qualche passo avanti, ha dimostrato di non avere la volontà di cambiare le cose e ha conseguito risultati davvero troppo modesti. Forse perché anche la politica è affollata di vecchi uomini e di uomini vecchi.

Tuttavia, non potendo cambiare né il mio sesso né la mia data di nascita, posso almeno dire a mia discolpa di aver fatto il possibile per creare intorno a me un ambiente di piena parità sessuale.

Anche se formalmente ho sempre avuto soprattutto collaboratori uomini, sono stato sostenuto tutta la vita e con abnegazione assoluta da un manipolo fedelissimo di donne straordinarie, pronte a qualsiasi sacrificio per me e per la mia causa, per l'istituto, per la ricerca. Per questo mi sono sentito felice come un bambino quando un'associazione femminile di Roma mi ha nominato «donna onoraria».

Sento di dover molto alle donne e sento anche che non riuscirò mai a ringraziarle tutte, a esprimere la mia gratitudine a tutte quelle che ho incontrato, che ho ascoltato, che ho operato, con cui ho collaborato, con cui ho combattuto. La paziente che non riusciva a credere che il marito non si fosse accorto della parrucca diventata necessaria per la chemioterapia, la segretaria del mio collega albanese che gli regalava la propria razione di benzina per permettergli di venire alla riunione europea, la ricercatrice geniale che riusciva a dirigere il suo laboratorio, pubblicare risultati importantissimi, assistere i genitori anziani e far fare i compiti ai figli.

Spero di aver assorbito almeno un po' della loro attitudine verso la vita, del loro disinteresse per il potere, del loro coraggio per le proprie passioni. Se così non fosse avrei forse perso anch'io la mia grande occasione, come molti altri uomini che – proprio per questo – sono invecchiati troppo presto.

Itaca

«Quando ti metterai in viaggio per Itaca» dice Kavafis nella sua più celebre poesia «devi augurarti che la strada sia lunga, fertile in avventure e in esperienze.»

Così è stata la mia vita e continua a esserlo. Mi chiedo spesso che cosa ho fatto di speciale per meritarmi tanta pienezza e tale moltitudine di giorni densi di emozioni, l'uno sempre diverso dall'altro. Non mi sono mai sognato di sentirmi in qualsiasi modo «unto» da qualche signore e neppure semplicemente «scelto» per qualche missione speciale da qualche entità soprannaturale che governi le cose del mondo.

Neppure credo a un rapporto causa-effetto fra compimento di buone azioni e vita felice. Mille volte nella mia carriera ho incontrato il cinismo e la crudeltà del destino: uomini e donne morti di cancro fra tremende sofferenze dopo aver dedicato tutta la loro vita al proprio lavoro, alle proprie famiglie, alle proprie associazioni di volontariato.

Così sento il dovere quasi quotidiano di reinvestire nella società la ricchezza psicologica (non mi sento di usare la parola «spirituale») che la vita continua a darmi. Mi batto da sempre contro il chiacchiericcio senza contenuti, il parlare a vanvera, il pressappochismo, l'ansia di stupire senza badare a verificare con cura ciò che si dice.

A differenza di altri più fortunati – che vedono il mondo sotto forma di «meraviglia del creato» –, noi medici vediamo ogni giorno l'altra faccia della vita (e della morte). In molti parlano del nostro lavoro, magari in televisione, senza avere neppure la più pallida idea di come sia la realtà. Guardate il furibondo dibattito sull'aborto di feti malformati e sulla rianimazione di neonati molto prematuri. Nessuno parla del dolore fisico cui vanno incontro molti dei bambini che sopravvivono. «Tutti si pronunciano» scrive con la sua straordinaria capacità di *pietas* Mellina Fedrizzi in una indimenticabile lettera alla «Repubblica» «su aspetti etici, ideologici, sulle sofferenze dei genitori, ma non si parla mai del dolore di questi bambini [...], dai mesi in incubatrice, fra cannule, aghi, elettrodi per monitorare i parametri vitali fino alle complicazioni gastrointestinali o muscolo-scheletriche degli anni successivi, i bambini con gravi lesioni cerebrali finiscono per poter esprimere la loro sofferenza solo con il pianto, che spesso i genitori non decifrano. Di fronte a questi dolori non lenibili con i farmaci, il medico si sente impotente e si chiede perché gli sia riservata una tale sofferenza.»

«*Avec le temps, va, tout s'en va, on oublie le visage et l'on oublie la voix*» cantava con struggente malinconia Léo Ferré «*c'est pas la peine d'aller chercher plus loin.*» Anch'io mille volte ho provato la tentazione di cambiare mestiere, cambiare prospettiva, cambiare ambiente. Ma è come se mi fosse impossibile ignorare la sofferenza del mondo, l'inspiegabile tenace presenza del male. Come se in cambio di tutto ciò che di positivo ho avuto dalla vita (e ho davvero avuto tanto!) fossi condannato a sentire in sottofondo l'incessante lamento di dolore che l'umanità emette per le sue sofferenze, per la fine di un amore, per una persecuzione politica, per una malattia, per una tortura. Ho sempre fatto fatica a divertirmi in modo spensierato perché la tristezza, la malinconia, la disperazione fanno troppo parte della mia vita, me le sento sempre intorno, sempre addosso e forse proprio per questo mi sono sempre sforzato di sorridere e di apparire ottimista, sia in pubblico sia nel mio privato.

Un parlamentare che forse vive – buon per lui – in tutt'altro stato d'animo ha detto, quando ho deciso di candidarmi al Senato, che avevo «scambiato la politica per i giardinetti», invitandomi indirettamente a ritirarmi. Eppure ho ricevuto un numero inaspettato di consensi che ben presto mi hanno rafforzato nella convinzione di poter essere utile al mio Paese, anche in ambito politico, paradossalmente proprio a causa della mia età, della mia lunga esperienza, delle idee che negli anni ho raccolto per far crescere finalmente la percentuale del nostro pil destinata alla ricerca dall'attuale misero 0,9 per cento almeno all'uno e mezzo.

Credere nel futuro, in qualunque fase della propria vita, vuol dire credere nell'evoluzione continua della civiltà, nella crescita, nello sviluppo, nel progresso. Implica la volontà di individuare soluzioni in grado di migliorare ogni giorno la vita delle persone, offrendo ogni volta nuove speranze. Credere nel futuro vuol dire per me amare la scienza, strumento privilegiato per il progredire del benessere di ognuno. Il futuro ci coinvolge da vicino perché è il tempo in cui vivranno i nostri figli, i nostri nipoti, le generazioni che verranno: immaginarlo, progettarlo e cercare di plasmarlo ogni giorno è il compito che mi ha sempre tenuto impegnato.

La gente ha fame di futuro e ha sete di pace. È un bisogno diffuso e palpabile, quasi religioso, che spinge a un risveglio delle coscienze. È un sentimento che viene soprattutto dalle donne, sono loro la voce e la coscienza più forte contro la guerra. Le donne non hanno mai amato la guerra e la violenza che, antropologicamente, sono di segno maschile. Era il maschio che doveva difendere il territorio o doveva conquistare altri spazi vitali, ricorrendo perciò alla violenza. La donna che doveva allevare i bambini ha sempre odiato la guerra che distrugge le case, uccide i figli e i mariti, disperde le risorse.

Per questo desidero chiudere queste pagine raccolte insieme ad Alberto Costa ribadendo il nuovo impegno della Fondazione che porta il mio nome: una conferenza quasi permanente che porti a una moratoria mondiale degli armamenti.

L'Italia ha ottenuto già un grandissimo risultato riuscendo a far ratificare dall'assemblea generale delle Nazioni Unite la prima moratoria universale della pena di morte e può a mio parere fare molto per il disarmo e la pace. Non basta eliminare il ricordo della guerra dalla memoria dei giovani del Primo Mondo, far sì che nei loro ricordi infantili non ci sia spazio per l'immenso ruggito degli stormi di bombardieri, per lo schianto delle bombe sulle case, per le fiamme che illuminano a giorno la notte. Non basta perché là fuori ci sono ancora Paesi condannati a una povertà spietata, c'è ancora un'umanità che cerca disperatamente di sfuggire alla morte. Ecco perché – come ci insegnano le grandi manifestazioni pacifiste degli ultimi anni – dobbiamo fare della pace un vero patrimonio dell'umanità, e non un privilegio dei soliti pochi.

Chiedere la pace e agire per la pace non è un'utopia, ma un impegno profondamente civile, pienamente in linea con quello che mi ha guidato in una vita dedicata alla medicina e alla ricerca scientifica. Il mio desiderio più forte è che si riesca a recuperare lo spirito della Nuova Frontiera di John Kennedy, quando diceva: «L'umanità deve porre fine alla guerra, o la guerra porrà fine all'umanità».

Come ho già ricordato, quando nel 2000 entrai per la prima volta nel mondo della politica, portai un libro con me, *Cinquantacinque poesie*. Oggi torno col pensiero a quelle pagine di Kavafis e ci trovo, immutate nel senso e nello splendore, le parole che per anni mi hanno accompagnato.

Itaca ti ha dato il bel viaggio,
senza di lei mai ti saresti messo
in viaggio: che cos'altro ti aspetti?

E se la trovi povera non per questo Itaca ti avrà deluso.
Fatto ormai savio, con tutta la tua esperienza addosso
già tu avrai capito ciò che Itaca vuole significare.*

* Costantinos Kavafis, «Itaca», in *Cinquantacinque poesie*, Einaudi, Torino 1968 (trad. it. di Nelo Risi e Margherita Dalmàti).

Appendice

Per un ritratto biografico di Umberto Veronesi

di Jacopo Costa Buranelli e Verena Leonardini Pieri
commento fotografico a cura di Lucia Racca

Risulta quasi automatico, nell'immaginario comune, considerare Umberto Veronesi come il protagonista di numerose battaglie, tra le quali quella contro il cancro è certamente la più famosa e la più importante. Il suo nome è soprattutto riconducibile alla rivoluzione da lui portata nei campi della chirurgia (l'introduzione della quadrantectomia al fine di evitare la devastante mastectomia) e in quello della biologia molecolare, oltre che all'impegno profuso in materia di prevenzione, senza dimenticare i contributi etici e politici.

Da circa sessant'anni, da quando cioè l'oncologia è diventata una scienza sistematica, Veronesi è uno degli attori principali nel panorama internazionale della cura alle neoplasie e può annoverare una serie di successi che hanno portato profondi cambiamenti al concetto stesso di sanità, trasformando le statistiche sulla guarigione dal cancro da disarmanti (due per cento a inizio del secolo) a incoraggianti (più del cinquantadue per cento nel 2004); un nome importante, una mente brillante, una figura stimata, un sorriso rassicurante che trasmette fiducia.

Tuttavia, una delle sue fortune più grandi sembra essere quella di non avere mai incontrato il «morbo della solitudine», di non essere, cioè, unico e solo sul campo di battaglia, armato di bisturi o microscopio, ma di avere sempre avuto al suo fianco alleati importanti, sostenitori fedeli, collaboratori, amici e colleghi convinti della bontà delle imprese che assieme a lui stavano affrontando. Del resto, i generali educati da Sun Tzu nell'arte della guerra non avrebbero potuto vincere senza il proprio esercito, così come l'astuto Odisseo non avrebbe raggiunto Itaca senza i suoi marinai. Veronesi, nato il 28 novembre del 1925 in una cascina alla periferia di Milano, ha potuto contare sulla guida di grandi maestri e sul supporto di tanti compagni.

Sarebbe però superficiale considerare quella del «mai stato solo» una semplice fortuna; come dimostrato nel corso della sua vita attraverso i già citati successi, una delle doti più affascinanti e vincenti del Professore è sempre stata la sua capacità di costruire, tenendo insieme i pezzi dei vari quadri d'esistenza (siano essi parti di Dna o équipe di collaboratori), al fine di rimarcare in positivo la logica degli eventi, delle situazioni, dei problemi. Una logica del tutto per tutti; un ordine d'insieme che coinvolgesse il maggior numero di persone, sia tra quelli che hanno bisogno di cure, sia tra quelli che tali cure sono chiamati a fornire.

Proprio questo istinto a conservare, a formare, a reinvestire le risorse in nuovi progetti è stato ed è tutt'ora una chiave importante per analizzare le «tre anime» di Umberto Veronesi, i tre aspetti principali che hanno caratterizzato la sua carriera, ovvero: l'anima scientifica, quella organizzativa e quella politica. Tre mondi che, seppur sempre in compresenza, hanno influenzato la sua vita bilanciandosi di volta in volta, sapendosi adattare alle necessità e alle situazioni storiche, trasformando le possibilità in energia raffinata da infondere alle proprie qualità, accompagnando quel ragazzo della cascina di Lambrate fino alle porte di palazzo Chigi.

La logica del paradosso: correggere invece che distruggere

Non era necessario aspettare la Seconda guerra mondiale affinché Veronesi incontrasse il suo più grande nemico, il cancro. Fin dall'infanzia, infatti, aveva vissuto in una cascina molto vicino all'Istituto dei Tumori di via Venezian, che a quei tempi era chiamato con drammatico sconforto «il lazzaretto». Tuttavia, nella scelta di intraprendere la carriera medica, ha pesato notevolmente la necessità di rispondere a uno dei quesiti più spontanei e infantili che ci siano: «Perché esiste il male?».

Fu durante la guerra, all'età di diciotto anni, che Veronesi venne colpito da una mina.

Arruolato con la forza a Milano e destinato a un reparto aggregato a una divisione tedesca, si ritrovò in un campo minato vicino a Pistoia; dopo l'esplosione si risvegliò a Montecatini in ospedale, con duecento ferite da schegge. Quell'evento tanto significativo rappresentò il primo vero incontro con il male in sen-

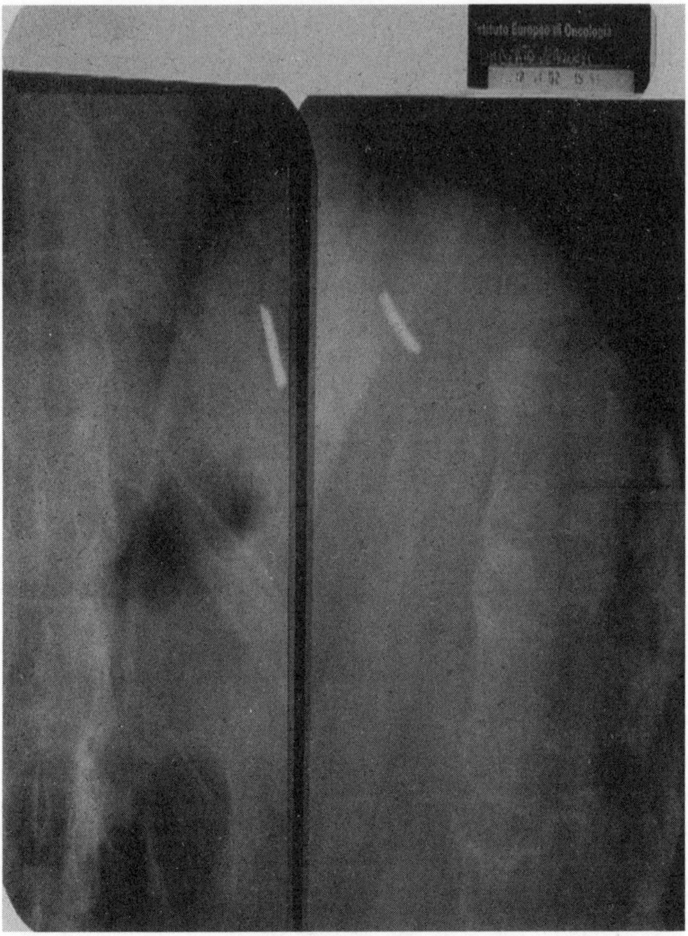

Foto 1. Radiografia del costato di Veronesi. È ben visibile la scheggia di cui fu impossibile l'estrazione perché troppo vicina al cuore. Il Professore porta sempre con sé questa lastra per passare i controlli di sicurezza dei metal detector.

so fenomenologico: il rischio di una distruzione totale della sua esistenza, la paura per tanta sofferenza lo spinsero a chiedersi se ci fosse un modo per prevenire una tale follia. Il primo desiderio fu quello di studiare psichiatria, al fine di comprendere le menti degli uomini, poi le cose andarono diversamente.

Finita la guerra, terminata l'università con il massimo dei voti, Veronesi decise di scommettere sulla sfida più difficile: invece della neurologia o della cardiologia, scelse la timida oncologia, quella branca della medicina destinata ai rassegnati. Nel 1951 varcò la soglia dell'Istituto dei Tumori per affrontare, ancora fresco di laurea, il male più grande, quello più misterioso, illogico, devastante.

La peste ci ha sempre spaventato; ne parlano Tucidide, Manzoni, Camus, e l'Istituto di via Venezian era etichettato come «lazzaretto» proprio per rimarcare quella drammatica sensazione che il nome «peste» produce. Il male incurabile, il tumore, infondeva rassegnazione anche nel medico più bravo e lo trasformava nettamente da razionalista a fatalista. Alcuni pazienti venivano mandati semplicemente a casa a morire, altri subivano interventi così demolitivi che oggi sembrerebbero assurdi, altri ancora riponevano le loro ultime speranze nella radioterapia.

La fiducia di Veronesi nelle possibilità di successo dell'oncologia, invece di affievolirsi, si consolidò ancora di più; si trattava davvero di un male annichilente, di un qualcosa che andava compreso, studiato, curato, poiché, proprio come la guerra, anch'esso toglieva ogni speranza e procurava tanta, troppa sofferenza.

Foto 2. Veronesi con il professor Pietro Bucalossi.

Sotto la guida di un ottimo maestro, Pietro Bucalossi (allora direttore dell'istituto), Veronesi iniziò a studiare la strategia migliore per ottenere risultati soddisfacenti, approfondendo gli studi di genetica e di biologia cellulare. Ciò fu possibile grazie a una borsa di studio presso quella «officina del Dna» che era allora il Chester Beatty Research Institute di Londra, lo stesso istituto di ricerca che annoverava tra i suoi scienziati i due premi Nobel Watson e Crick. Nei primi anni Cinquanta, direttore del Chester Beatty era Sir Alexander Haddow, figura fondamentale per la formazione del giovane Veronesi. Sir Haddow si faceva portavoce di un'importante filosofia: la strategia di ogni ricerca scientifica prende le basi dai paradossi. Il lavoro del ricercatore è noioso, abitudinario, talvolta banale, ma questo non deve assolutamente lasciare spazio alla depressione e allo sconforto, anzi, è necessario comprendere che non si può avere tutto e subito, ma che la sfida è costante; essa nasce dall'intuizione, dall'ipotesi più paradossale, anche dalla fantasia, per poi essere ricondotta in un'ottica empiristica rigorosa, scientifica. Con queste teorie, Sir Haddow aiutò il seme della determinazione a crescere nell'animo di Veronesi, il quale dimostrerà non solo di essere sempre pronto a ogni sfida, disposto a confrontarsi con qualsiasi campo d'indagine, ma, libero da dogmi e pregiudizi, alimenterà un'attitudine dinamica e adatta a qualsiasi questione, sia di carattere scientifico, organizzativo, etico e politico.

Propenso ad analizzare ogni situazione, il ricercatore Veronesi non si spaventò di certo nel comprendere che l'origine del cancro sembrava quasi risiedere in un paradossale «eccesso di vitalità» della cellula e non in un suo istinto di morte. L'armonia prestabilita del corpo umano, così logica e perfetta come descritta nei testi sacri, era messa in scacco da una produzione incontrollata di cellule, a seguito dei danni al loro patrimonio genetico. Danni che, nel settanta per cento dei casi, derivavano da un agente cancerogeno presente nell'ambiente, come già si teorizzava agli inizi del Settecento con gli studi sulla pelle degli spazzacamini, i quali spesso si ammalavano di cancro a causa della continua esposizione alla fuliggine. La biologia molecolare, la mappatura del genoma umano e la proteomica faranno poi passi da gigante proprio continuando a indagare su questa sovrabbondanza di vita che porta alla morte; l'aver compreso che alla base dello sviluppo del tumore c'è una disfunzione di uno o più geni è stata la prima grande rivoluzione.

Come agire in un processo tanto complesso?

Scrive Sun Tzu nell'*Arte della guerra*: «La capacità di vincere dipende da noi, la possibilità dal nemico». E proprio questo terribile nemico ammette una possibilità che permette di essere sfruttata. Si è scoperto con certezza che dal momento in cui un agente cancerogeno viene a contatto con il Dna cellulare a quello in cui compare il tumore passa un lungo periodo che potremmo definire di «incubazione». Proprio durante questa «lunga notte» del cancro è possibile agire, con la farmacoprevenzione, al fine di bloccare la cancerogenesi, assumendo un principio attivo o un elemento biologico specifico. Sarà proprio la prevenzione, quella capacità di vincere che dipende da noi, la prima grande convinzione di Veronesi, il quale non smetterà mai di riporre fiducia nella ricerca, auspicando un futuro che vedrà come protagonisti i farmaci intelligenti, mirati, studiati *ad hoc* su ogni tipo di cancro.

Quel futuro però era ancora lontano negli anni Sessanta, quando la strategia era quella non del correggere, bensì del distruggere. Le armi più forti contro il cancro, oltre ai farmaci chemioterapici (dai forti effetti collaterali) e alla chirurgia, si chiamavano antimitotici e antimetaboliti, vere bombe in grado di impedire totalmente la riproduzione delle cellule, provocando però seri problemi alla formazione di globuli bianchi e rossi, le cellule del sangue.

Nel 1962, grazie a una borsa di studio, Veronesi si reca in Francia, al Centre Léon-Bérard di Lione, per approfondire nuove terapie chirurgiche nel trattamento dei tumori con il grande Marcel Dargent, perfezionandosi negli interventi al seno e alla tiroide. Nel caso specifico dei tumori mammari, la tecnica più importante era la mastectomia, ovvero l'asportazione totale della mammella, dei linfonodi ascellari e del muscolo grande e piccolo pettorale, a cui si aggiungevano intense sedute di radioterapia sul torace, sul collo e sull'ascella. Questo tipo d'intervento permetteva di fronteggiare i numerosi casi di carcinomi mammari e si presentava come unica soluzione alla malattia devastante. Tuttavia, devastante era anche l'effetto che la mastectomia e la radioterapia procuravano sulla donna; l'asportazione del seno e le dure sedute postoperatorie minavano definitivamente non solo la femminilità delle pazienti, ma il loro stesso vissuto, costrette a dover convivere per sempre con il ricordo di una piaga, di un male spaventoso che, in alcuni casi, poteva anche ripresentarsi da qualche altra parte del corpo. Infatti, l'azione violenta delle terapie era giustificata dal desiderio di debellare completamente il tumore, agendo in modo massiccio su tutta la zona malata, impedendo il rischio nuove neoplasie in quella sede. Purtroppo, però, non sempre le cose andavano a buon fine e il tumore compariva altrove sotto forma di metastasi.

Fu tra il 1968 e il 1973 che Veronesi, interrogandosi sulla possibilità di correggere gli effetti della mastectomia, elaborò una nuova tecnica chirurgica dagli intenti conservativi; ancora una volta, si rivelò utile partire dal microscopio e, di nuovo, risultò indispensabile la presenza di un ottimo maestro.

Pietro Redaelli era stato per Veronesi, giovane laureato, una sorta di Socrate, capace di insegnargli a sfruttare l'arte del «non sapere», l'umiltà intellettuale e scientifica; in più, essendo professore di anatomia patologica presso l'università degli Studi di Milano, lo aveva preparato a perseguire un'intuizione che si rivelerà estremamente innovativa. Dal 1958, Veronesi aveva conseguito l'abilitazione alla libera docenza in anatomia e istologia patologica e aveva appreso che una fase che consentiva ancora di contrastare l'avanzata del male era quella in cui le cellule si riproducevano in una forma poco aggressiva. Sostanzialmente, se preso in tempo, il tumore non doveva considerarsi più così spaventoso e la sua dimensione (inferiore al centimetro) rendeva credibile la possibilità di operare solo una parte della mammella. Le recenti scoperte attestano infatti una progressiva selezione naturale tra le popolazioni di cellule tumorali, in cui si affermano via via quelle più aggressive; per questo la diagnosi precoce può considerarsi la seconda grande rivoluzione della ricerca oncologica, una sfida contro il tempo che rende possibile bloccare e distruggere il nemico quando ancora è meno forte.

Il «male incurabile» offriva dunque un'altra possibilità di vittoria, che Veronesi sfruttò da un lato incrementando le potenzialità di pratiche diagnostiche già in uso da qualche anno, come la mammografia e l'ecografia, dall'altro concentrandosi sulla conservazione della mammella, sfidando così la supremazia della mastectomia. Nella sua fase iniziale, il tumore poteva essere localizzato in uno dei cinque quadranti che compongono la mammella: quindi la speranza era quella di poter intervenire solo su quest'area, ma ciò significava porsi in controtendenza rispetto alla prassi del tempo. Infatti, la comunità scientifica non accettò di buon grado una tale ipotesi, che pareva quasi irresponsabile nei confronti di un male definito appunto «incurabile», capace di riproporsi anche dopo l'azione devastante della mastectomia.

Veronesi fu criticato e osteggiato, ma neanche in una situazione tanto critica si ritrovò da solo; i movimenti femministi degli anni Settanta, animati dal desiderio di vincere la malattia senza minacciare la propria femminilità, si pronunciarono a favore della nuova tecnica. Per otto anni, settecento donne furono curate, secondo un ordine casuale, sia con la mastectomia sia con la quadrantectomia (tale era il nome della tecnica innovativa di Veronesi che prendeva appunto in esame un solo quadrante della mammella), sempre accompagnate da sedute di radioterapia.

I risultati, pubblicati nel 1981 sul «New England Journal of Medicine» si rivelarono positivi, poiché testimoniavano che non c'era differenza di probabilità di guarigione tra le due tecniche: entrambe erano efficaci e praticabili.

The NEW ENGLAND JOURNAL of MEDICINE

COMPARING RADICAL MASTECTOMY WITH QUADRANTECTOMY, AXILLARY DISSECTION, AND RADIOTHERAPY IN PATIENTS WITH SMALL CANCERS OF THE BREAST

Umberto Veronesi, M.D., Roberto Saccozzi, M.D., Marcella Del Vecchio, Ph.D., Alberto Banfi, M.D., Claudio Clemente, M.D., Mario De Lena, M.D., Giuseppe Gallus, Ph.D., Marco Greco,M.D., Alberto Luini, M.D., Ettore Marubini, Ph.D., Giuseppe Muscolino, M.D., Franco Rilke, M.D., Bruno Salvadori, M.D., Annamaria Zecchini, and Roberto Zucali, M.D.

Abstract From 1973 to 1980, we carried out a controlled study at the National Cancer Institute in Milan to consider the value of a conservative procedure in patients with breast cancer of small size. We randomized 701 patients with breast cancer measuring less than 2 cm in diameter and with no palpable axillary lymph nodes to Halsted radical mastectomy or to "quadrantectomy" with axillary dissection and radiotherapy to the ipsilateral residual breast tissue. We treated 349 patients with Halsted mastectomy and 352 with quadrantectomy. The two groups were comparable in age distribution, size and site of primary tumor, menopausal status, and frequency of axillary metastases. There were three local recurrences in the Halsted group and one in the quadrantectomy group. Actuarial curves showed no difference between the two groups in disease-free or overall survival. From these results, mastectomy appears to involve unnecessary mutilation in patients with breast cancer of less than 2 cm and no palpable axillary nodes. (N Engl J Med. 1981; 305:6-11.)

Foto 3. La pubblicazione sul «New England Journal of Medicine» attesta nel 1981 l'efficacia della quadrantectomia.

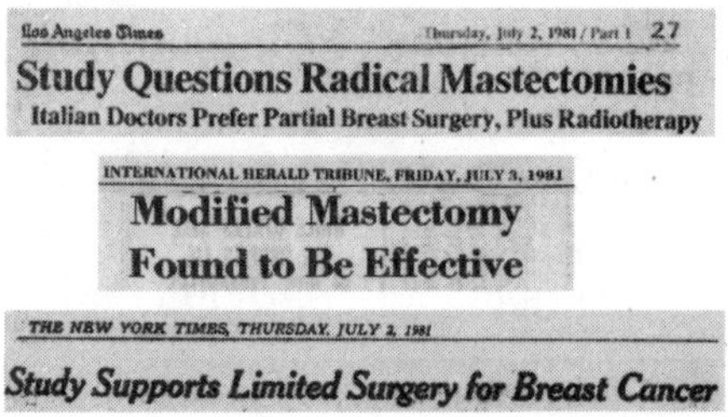

Los Angeles Times Thursday, July 2, 1981 / Part I 27

Study Questions Radical Mastectomies

Italian Doctors Prefer Partial Breast Surgery, Plus Radiotherapy

INTERNATIONAL HERALD TRIBUNE, FRIDAY, JULY 3, 1981

Modified Mastectomy Found to Be Effective

THE NEW YORK TIMES, THURSDAY, JULY 2, 1981

Study Supports Limited Surgery for Breast Cancer

Foto 4. Nel luglio dell'81, «Los Angeles Times», «Herald Tribune» e «The New York Times» dettero grande risalto al successo dell'alternativa alla mastectomia proposta da Veronesi.

Il primato della mastectomia, che si poneva come obiettivo quello di salvare la vita, era stato superato dalla nuova quadrantectomia che non solo salvava la vita, ma anche la qualità della stessa.

Questa fondamentale rivoluzione, però, non avrebbe potuto avere inizio senza comprendere l'enorme importanza della diagnosi precoce, e ciò Veronesi non lo dimenticherà mai. Ancora recentemente ha perseguito la strada dell'innovazione con l'idea della biopsia del linfonodo sentinella (tecnica che consente di evitare la dissezione ascellare nei casi in cui i linfonodi siano sani) e ha aggiornato le procedure di radioterapia dei tumori mammari, introducendo la radioterapia intraoperatoria con elettroni, in sigla Eliot, che potrebbe ridurre a una sola seduta l'esposizione del paziente alle radiazioni, effettuandola durante l'intervento stesso.

Prima di aggredire con violenza, cioè prima del vero e proprio attacco, il tumore si prende del tempo e ci lascia una possibilità di vittoria; a noi spetta la prima mossa, con la prevenzione e con la diagnosi precoce. Il nemico ci offre una possibilità, noi dobbiamo avere la capacità di coglierla; questo, Veronesi non si stancherà mai di ripeterlo.

Da via Venezian all'Europa: la rivoluzione oncologica

L'Istituto Nazionale per lo Studio e la Cura dei Tumori è stato l'officina febbrile che ha accompagnato le ricerche giovanili di Veronesi, appena venticinquenne, fino alla maturità. Quello che un tempo era conosciuto come un luogo di sofferenza e rassegnazione si rivelò essere l'ambiente ideale non solo per importati studi scientifici, ma anche per sviluppare quell'anima organizzativa che tanto ha caratterizzato la figura del Professore.

Veronesi entrò a far parte dell'Istituto di via Venezian nei primi anni Cinquanta come assistente, e ben presto iniziò a respirare l'aria del cambiamento in campo oncologico. In questo senso, un'importante lezione che Veronesi assimilò dai suoi maestri fu la strategia multidisciplinare che stabiliva una necessaria e costante collaborazione tra i chirurghi, gli oncologi medici e gli esperti di radioterapia. Bisognava porre le basi per un solido lavoro di squadra; era utile espandersi, aggiornarsi, condividere le scoperte e prendere in esame le diverse forme del tumore.

L'evoluzione di questo nuovo modo di fare oncologia portò Veronesi a entrare nel Consiglio Direttivo della Sezione Milanese della Lega Italiana per la Lotta contro i Tumori (Lilt) nel 1957, diventandone poi presidente dal 1968 al 1977, periodo durante il quale la Lilt ricevette il riconoscimento come ente pubblico, sotto la vigilanza del ministero della Sanità e in collaborazione con le Regioni, le Province, i Comuni. Si trattava di sensibilizzare l'opinione pubblica non tanto sul problema cancro, quanto sulla lotta al can-

Foto 5. Veronesi con (alla sua destra) Giuseppe della Porta.

cro stesso; una battaglia resa possibile solo dalla continua attività di ricerca.

Per sostenere gli sforzi di quest'ultima, nel 1965 Veronesi, insieme al collega Giuseppe della Porta (anch'egli ricercatore presso l'Istituto dei Tumori), riuscì a coinvolgere alcuni nomi noti dell'imprenditoria milanese per fondare l'Associazione Italiana per la Promozione delle Ricerche sul Cancro che diventerà poi Associazione Italiana per la Ricerca sul Cancro (Airc), ente privato senza scopo di lucro con una serie di missioni sostanziali: raccogliere ed erogare fondi a favore del progresso della ricerca oncologica, diffondere al pubblico una corretta informazione in materia e, in particolare, finanziare progetti di ricerca svolti presso laboratori universitari, ospedali e istituti scientifici, perfezionare le conoscenze di giovani ricercatori in Italia e all'estero attraverso l'assegnazione di borse di studio, nonché sensibilizzare e informare il pubblico sui progressi compiuti dalla ricerca oncologica.

Il «male incurabile» doveva uscire dal «lazzaretto» per finire sotto gli occhi di tutti; la concezione monistica della malattia, intesa come unico morbo che colpisce indistintamente diverse parti del corpo, mutò radicalmente proprio grazie ai nuovi studi oncologici prodotti dalla strategia multidisciplinare e si iniziò a scoprire la pluralità delle patologie neoplastiche. Tra queste forme tumorali, Veronesi si propose di prendere in esame una delle più subdole, il melanoma. Anche questo cancro della pelle, come quello al seno, veniva curato tramite una chirurgia di tipo demolitivo, tanto che in alcuni casi si arrivava ad asportare l'arto colpito fino alla stazione linfatica più vicina; per esempio, se il melanoma si presentava su un piede, era necessario amputare tutta la gamba fino all'inguine. Questa sfida a favore della conservazione non sarebbe stata possibile senza coalizzare più centri oncologici per avere una sostanziosa casistica. Lo studio di molti unito alla capacità organizzativa di Veronesi colmarono tale lacuna scientifica: nacque così a Milano il Gruppo Internazionale di Studio sui Melanomi che diede impulso alle ricerche sulla possibilità di operare solo la parte di corpo colpita dal tumore.

La ricerca internazionale coordinata da Veronesi prese in esame seicento casi, curandone metà con l'asportazione demolitiva e metà attraverso una chirurgia di tipo poco aggressivo.

Gli ottimi risultati ottenuti dalla chirurgia conservativa sancirono non solo l'inizio di una nuova soluzione al problema del cancro alla pelle, ma anche l'efficacia del modello multidisciplinare.

L'istituto di via Venezian iniziò a lavorare a livello internazionale; nel 1964 l'Organizzazione Mondiale della Sanita (Oms) annoverò tra i membri del Comitato Mondiale di Esperti sulla Terapia dei Tumori Veronesi che inoltre, dal 1966, a quarantuno anni, divenne Presidente del Comitato per l'Istruzione Professionale della Unione Internationale Contre le Cancer (Uicc), l'unica organizzazione non governativa (con base a Ginevra) dedicata esclusivamente a connettere, in collaborazione con Onu e Oms, gruppi di ricerca per un globale controllo del fenomeno cancro. La consacrazione della figura di Veronesi sul piano internazionale avvenne però in modo definitivo nel 1974, quando puntò tutto sulla sua anima organizzativa, che lo ricambiò totalmente. Nel pieno degli anni di piombo, fu nominato Segretario Generale dell'International Cancer Congress per la Uicc e si offrì di organizzare questo importantissimo evento a Firenze; la città simbolo del Rinascimento diventò il palcoscenico adatto per promuovere l'Italia sul piano internazionale: un'Italia ricca di storia, desiderosa di scienza e impeccabile dal punto di vista organizzativo.

L'«uomo del cancro» in questa Italia era Umberto Veronesi, che rinnovò il suo legame con la Uicc essendo designato, sempre nel 1974, prima alla presi-

Foto 6. Inaugurazione del tredicesimo International Cancer Congress.

denza del «Cancer Education Program», poi alla presidenza dell'Unione stessa per il quadriennio 1978-1982 e infine alla presidenza del programma «Detection and Diagnosis» fino al 1986, costruendo così circa un ventennio di collaborazione con tutti i centri oncologici del mondo. In particolare con quelli dell'America Latina, che guardavano a Milano come a un punto di riferimento della massima importanza.

L'Istituto dei Tumori di Milano divenne nelle mani di Veronesi, che lo diresse dal 1976 al 1994, un istituto pubblico riconosciuto a livello europeo, sviluppato in venti divisioni e promosso come centro di ricerca d'eccellenza. Il primo obiettivo di Veronesi fu quello di creare una nuova generazione di clinici e ricercato-

Foto 7. Il Cardinal Martini in visita all'Istituto dei Tumori.

Foto 8. Con Bettino Craxi.

ri, uomini e donne più determinati nella ricerca e nella cura del cancro, capaci di sollevarsi dal senso di ineluttabilità che opprimeva la generazione precedente. L'edificio si estese e i letti passarono da duecento a cinquecento, ospitando ormai pazienti da tutta Italia; si puntò con determinazione sull'attività di ricerca e si cercarono collegamenti con gli altri centri d'eccellenza.

Oltre allo sviluppo di tipo scientifico e organizzativo, Veronesi volle dare all'istituto una sua forte autonomia rispetto all'università. Così, diversamente da quanto avveniva in altri ospedali, in via Venezian i direttori furono gradualmente sostituiti con primari scelti dall'interno, fugando così il rischio di dipendere dalle esigenze universitarie e recuperando una tanto ambita libertà di decisione. Uno dei problemi rappresentati dagli accordi con le università riguardava infatti la mobilitazione dei quadri professionali: non appena un noto professore faceva la sua comparsa alla direzione di un ospedale, il seguito dei suoi allievi veniva prontamente inserito nell'organico sostituendo quello presente e provocando pertanto una serie di disequilibri interni. Non che Veronesi nutrisse una qualche forma di ostilità verso l'università, avendo ottenuto egli stesso, tra l'altro, la libera docenza a soli trentatré anni: era però fortemente convinto che le due istituzioni dovessero rimanere sostanzialmente autonome. Ovviamente, per innovare è necessario scontrarsi con la prassi comune, e fu così che Veronesi iniziò la sua prima grande battaglia politica, quella per l'ospedale semi-pubblico.

La riforma sanitaria del '78 non appoggiava il mantenimento del reparto solventi nelle strutture pubbliche, dove i pazienti più benestanti potevano scegliere di essere assistiti in camera singola e con una serie di comfort in più. La chiusura di gran parte dei reparti solventi determinò uno spostamento di massa dei pazienti più abbienti verso le case di cura, in grado di fornire maggiori comodità; ma a favorire le cliniche private ci fu anche l'assenza di un obbligo, per i medici ospedalieri, di lavorare a tempo pieno nella struttura pubblica, così che molti clinici di valore iniziarono a svolgere un doppio lavoro.

In via Venezian, Veronesi decise di tenere aperto il reparto solventi, in modo che i medici, una volta terminato il lavoro ospedaliero, potessero curare i pazienti a pagamento, pur restando all'interno dello stesso edificio; il ricavato veniva poi suddiviso tra il medico, l'istituto e il resto del personale. Tuttavia, la scelta non fu affatto condivisa, bensì giudicata classista; evidentemente il clima postsessantottino dell'epoca si opponeva a una diversificazione sociale che, per quanto ideologicamente non equa, era tuttavia ormai consolidata. Inoltre, non veniva recepito il fatto che una differenza nei comfort non escludesse affatto la totale uguaglianza nella cura. L'opinione pubblica non riusciva ad andare oltre questo preteso diritto di eguaglianza e non si accorgeva dei problemi che avrebbe creato l'eliminazione del reparto solventi, primo fra tutti l'esodo dei medici ospedalieri verso le cliniche private per il cosiddetto «secondo lavoro». Come quando si prende il treno o l'aereo si sceglie in base alla propria disponibilità la classe più confortevole, lo stesso accadeva con il reparto solventi, in cui cambiava solo il tipo di confort, ma terapia e assistenza medica erano uguali per tutti. Di fatto, questa prima battaglia politica era assai difficile da gestire; significava mettersi contro non solo una riforma statale, ma anche contro lo spirito di un'epoca storica segnata da profonde ideologie difficilmente compatibili con il pragmatismo scientifico. Le polemiche furono dunque aspre e talvolta vivaci, e non mancarono neanche gli scioperi da parte di medici e ricercatori, che peraltro lasciavano il laboratorio o peggio i propri pazienti senza assistenza di punto in bianco, contribuendo ad alimentare quel clima esasperato.

Determinato a uscire da quasi otto anni di situazione instabile, Veronesi si unì ad altri cinque luminari con cui si impegnò, per tutta la primavera del 1986, a discutere su come superare la crisi, prendendo a modello alcuni tra i più noti centri di ricerca stranieri.

Misero per iscritto quanto elaborato in un documento chiamato il «Manifesto bianco della sanità», un documento nel quale si disegnava innanzitutto un'organizzazione del lavoro meno burocratica e meno statalista. Si chiedeva una gestione più agile e più autonoma rispetto alle rigide procedure per cui, anche solo per acquistare un semplice macchinario, era necessaria una gara d'appalto sottomessa ai vincoli del settore pubblico o che, per l'assunzione di un tecnico di laboratorio, si dovesse bandire un concorso, con relativa lentezza. Inoltre, si voleva porre fine alla figura

Foto 9. Con il presidente Sandro Pertini.

dei direttori generali, espressione del potere politico regionale e comunale, e al loro posto si proponeva un *medical director* in grado di garantire in ogni ospedale non solo la ricerca, ma anche l'aggiornamento scientifico. Dopo un breve periodo di scalpore, di discussioni e di titoli sui giornali, il tutto finì nel nulla.

Veronesi, che aveva ottenuto grandi successi scientifici e riconoscimenti internazionali, dovette limitare la sua spinta riformista poiché si rese ben presto conto che contro l'immobilismo della società civile italiana era necessaria una strategia basata sulla lunga distanza. Restare fedeli alle proprie idee e continuare a supportarle nel tempo: l'animo del ricercatore insegnò un'importante lezione a quello spirito politico che era ormai nato in lui.

La lezione americana, lo spirito europeo e la scommessa italiana

La ricerca non dovrebbe avere nazionalità o bandiera. La ricerca è più efficace quando nasce dalla dialettica, dal confronto di più menti, di più lingue, di più situazioni. La ricerca, che si pone come obiettivo quello di curare un male globale, deve necessariamente coinvolgere tutti, superando i confini geografici e politici. Tuttavia, non tutti hanno le stesse possibilità di fare ricerca e, di conseguenza, chi realizza per primo i grandi progetti scientifici è sempre il Paese economicamente più forte e politicamente più stabile.

Nel 1971, il Paese leader nel settore erano gli Stati Uniti che, su proposta del presidente Nixon, avevano iniziato a proporre il Cancer Act, un programma di cooperazione tra tutti i vari centri di ricerca americani, con la speranza di debellare la malattia entro il 2000. Il vecchio continente si trovava in una sorta di subordinazione rispetto agli Usa e doveva fare i conti con uno dei più grandi ostacoli che ancora oggi lo caratterizza: l'Europa è un'unione di Stati che non parlano la stessa lingua e privi di un'impronta culturale condivisa. Inoltre, nel 1971, questi Stati così diversi non avevano neanche la stessa moneta.

La prima eco di un pensiero scientifico europeo arrivò dai Paesi più piccoli della comunità: dal Belgio, dall'Olanda e dal Lussemburgo, che fondarono la European Organization for Research and Treatment of Cancer (Eortc), un'organizzazione no-profit in grado di coordinare le attività di laboratorio e di ricerca clinica sul cancro in tutta Europa.

Foto 10. Con (da sinistra) il principe Filippo di Edimburgo e Sir Ronald Grierson, presidente dell'Eortc Foundation.

Foto 11. In compagnia dell'allora presidente del Cnr Ernesto Quagliariello.

L'Eortc fu finanziata da tutta la comunità e coinvolse importanti studiosi francesi, inglesi e italiani. Veronesi, che vedeva in essa la base ideale per poter lavorare a un progetto comunitario, entrò nel consiglio scientifico nel 1972 per poi diventare vicepresidente dal 1978 e mantenere la presidenza dal 1985 al 1988.

La vocazione europeista aveva bisogno di essere alimentata e Veronesi si impegnò a coltivare tale spirito coinvolgendo la stessa Italia a competere con le altre nazioni; nel 1978, fu nominato dal Consiglio Nazionale delle Ricerche (Cnr) direttore del neonato progetto quinquennale per lo studio della crescita neoplastica, nomina poi riproposta per i due quinquenni successivi.

Riuscire a ottenere quindici anni di finanziamenti statali per progetti oncologici si rivelò un'impresa importante non solo su scala nazionale, poiché, con l'ammodernamento dei laboratori, si verificò un «ritorno di cervelli» formati dalle università americane, ma aumentò anche il prestigio dell'Italia a livello internazionale al punto che fu possibile fondare, nel 1981, l'American Italian Cancer Foundation (Aicf), con lo scopo di sviluppare la cooperazione internazionale.

L'Italia e l'Europa potevano ora più facilmente rapportarsi alla mastodontica realtà americana; il flusso della ricerca aveva iniziato a scorrere, a parlare più lingue, mancava solo di un coordinamento a livello sovranazionale e, anche questo, poteva essere appreso dalla lezione statunitense. Veronesi decise di contattare gli scienziati che avevano collaborato alla stesura del Cancer Act e, grazie alle preziose informazioni ottenute, stilò un documento di programmazione europea. L'incontro con il professor Maurice Tubiana, allora direttore dell'Istituto oncologico Gustave Roussy di Villejuif, si rivelò fondamentale; insieme concepirono il progetto «Europa contro il cancro», incentrato sui seguenti punti cardine.

Prima tra tutte, emergeva la necessità culturale di differenziarsi dal piano americano: la strategia di «Europa contro il cancro» non si poneva l'obiettivo di vincere il tumore entro il 2000, come ipotizzato dal Cancer Act, ma puntava tutto sulla prevenzione e sull'anticipazione diagnostica attraverso lo screening di massa. Alla luce di ciò, il programma si concentrò sullo studio di una dieta tipo che potesse agire nella prevenzione dei tumori, sull'urgenza di attivare un flusso uniforme d'informazioni che collegasse i vari istituti oncologici in Europa e sulla promozione di un insegnamento europeo omogeneo a tutti gli oncologi, nel tentativo di appianare le disparità di metodi e criteri che dividevano i vari Paesi.

Perfetta a questo scopo si rivelò la European School of Oncology (Eso), fondata insieme al dottor Alberto Costa nel 1982 e tutt'oggi considerata un punto di riferimento indiscusso sul piano della didattica oncologica, non solo in Europa. Veronesi, nominato presidente di «Europa contro il cancro», lanciò un decalogo per la prevenzione del tumore chiamato «Codice europeo contro il cancro», risultato di un'analisi dei diversi fattori di rischio di alcune note forme neoplastiche, primo tra tutti il fumo.

Il passo successivo si articolò nell'educazione e nell'informazione capillare contro il tabagismo, con il fine ambizioso di far smettere di fumare il cinque per cento degli europei. La guerra contro il fumo non si combatteva certo solo sul puro campo scientifico; sarebbe stato semplice convincere le persone sui rischi delle sigarette se quest'ultime non avessero rappresentato anche lo spirito di un epoca che aveva attraversato gli anni Cinquanta, Sessanta e Settanta. L'immagine dei polmoni devastati dal cancro non si associava bene con quello che era stato il simbolo di un'emancipazione sociale o con le grandi figure del cinema hollywoodiano come Humphrey Bogart, John Wayne e James Dean.

La determinazione di Veronesi iniziò a farsi consistente dai primi studi epidemiologici degli anni Sessanta, che attestavano una stretta relazione tra fumo e tumore, sulla base delle ricerche di Richard Doll, massimo esperto mondiale delle cause di neoplasia. «Europa contro il cancro» non smise mai di fornire dati e statistiche, di diffondere dettagliate informazioni senza mezzi termini e la sfida si fece ancora più difficile quando, nel 1997, al congresso mondiale per la lotta contro il cancro di Helsinki, le multinazionali del tabacco denunciarono lo stesso Veronesi. Esse ostacolarono sempre l'azione della coalizione europea, dando vita a una lotta impari sferrata a colpi di marketing e sfruttando i loro ingenti patrimoni per colossali strategie, aprendo, da un lato, nuovi mercati nei Paesi in via di sviluppo e, dall'altro, individuando nell'emancipazione della donna una notevole possibilità di vendita.

«L'unione fa la forza» recita il proverbio, e i meriti di organi come Eortc, Aicf, Eso e «Europa contro il cancro» furono proprio quelli ottenuti dalla collaborazione, dalla diffusione, dall'informazione e dalla sensibilità politica.

La battaglia, iniziata trent'anni fa contro le pubblicità dei prodotti da fumo e vinta nel 1991 grazie all'accortezza di alcuni parlamentari, proseguì con importantissime conquiste: si ottenne la scritta sul pacchetto che indicava la quantità di condensato e nel 1992 fu la volta di «nuoce gravemente alla salute», che aumentò di dimensioni nel 2000.

Forte sostenitore del diritto all'autodeterminazione dell'individuo, Veronesi si impegnò anche a sottolineare i tremendi rischi del fumo passivo, soprattutto durante la gravidanza.

I lunghi anni di studi e di dibattiti dedicati a questo tema ebbero come risultato un divieto in molti stati europei di fumare negli spazi chiusi e nei luoghi pubblici e privati aperti al pubblico, e una legge antifumo scritta da Veronesi nel 2000 che l'Italia adottò per prima, ponendosi tra quei Paesi decisi a vincere una battaglia non ancora conclusa.

Il riconoscimento scientifico e l'attività politica: l'importanza di credere nel futuro

Veronesi coltivava da molto tempo il sogno di un ospedale che si allineasse perfettamente con i valori e le convinzioni maturate in anni di attività. L'esperienza dell'Istituto dei Tumori e la carriera internazionale avevano permesso nella sua mente la nascita e la formazione di un sistema etico destinato a essere messo in pratica attraverso una nuova visione della sanità e della ricerca. Il pragmatismo che ha sempre caratterizzato Veronesi lo spinse a progettare un ospedale che potesse fungere da modello per questa nuova rivoluzione sanitaria e che rappresentasse un nuovo passo della ricerca italiana nel mondo. L'identità dell'Istituto Europeo di Oncologia (Ieo), dunque, si può riconoscere *in primis* nel suo affiancare l'attività terapeutica alla ricerca scientifica, secondo l'assunto che recita «si cura meglio dove si fa ricerca»; ma l'Ieo è anche «l'ospedale senza dolore», che accanto all'obiettivo di salvare una vita pone quello di salvaguardarne la qualità e per questo dedica una cura singolare alla somministrazione delle terapie antalgiche. Infine, da un punto di vista strutturale, il suo status di ospedale semi-pubblico rende l'istituto autonomo dai meccanismi statali e in grado di sostenersi economicamente, annullando al contempo quella sorta di conflitto d'interessi che da sempre avvelena l'attività dei medici.

Se, da un lato, la parte teorica del progetto presentava un valore non solo affascinante, ma anche innovativo, la parte pratica invece risultò essere decisamente complicata. L'idea di partenza si avvicinava molto a quella stilata nel «Manifesto bianco»: istituire un punto di riferimento per tutta l'Europa, sia sul piano della ricerca di base, sia su quello della ricerca clinica. Per ottenere ciò in Italia, era necessario che Vero-

Foto 12. Enrico Cuccia il giorno dell'inaugurazione dell'Istituto Europeo di Oncologia.

nesi si scontrasse nuovamente con quel sistema sanitario statale, fortemente degradato, alterato da riforme che lasciavano naufragare i propri propositi e ricco di ingerenze politiche estremamente limitanti. Anche in questo caso, non si trovò solo. La collaborazione decisiva per la nascita del progetto fu quella dell'allora presidente di Mediobanca Enrico Cuccia, il quale accettò coraggiosamente la sfida, nonostante l'ospedale proposto non cercasse il profitto, ma reinvestisse subito tutto il ricavato in ricerca. Cuccia stesso coinvolse altri partner e il progetto partì.

L'idea era di gestire un istituto di cura e ricerca secondo parametri di efficienza manageriali tipici del settore privato e, al di là del sostegno di nomi importanti nel campo della finanza, anche il clima politico sembrava essere favorevole a questo tipo di innovazione. Infatti, il governo Amato aveva introdotto una riforma caldeggiata anche nel «Manifesto bianco», quella dei Diagnosis Related Group (Drg), un tipo di pagamento a prestazione usato anche negli Stati Uniti e in altri Paesi europei. Fino ad allora, gli ospedali erano infatti finanziati in base alla cosiddetta diaria, ossia al numero di pazienti ricoverati e alla durata della degenza, che la causa fosse un raffreddore o un trapianto di rene. Ciò spingeva gli ospedali a ricoverare pazienti in grandi quantità rendendo il soggiorno più duraturo possibile: da qui il deficit cronico dei bilanci sanitari.

Con la riforma di Amato si decideva di finanziare gli ospedali in base al tipo di cura che veniva prestata. In occasione dei dibattiti che la riforma provocò non si perse occasione per coinvolgere l'Ieo, accusandolo di instradare la finanza privata verso l'appropriazione della sanità pubblica. Tuttavia, il progetto proseguì senza incertezze; furono costituiti due gruppi di lavoro, l'uno incaricato di risolvere i problemi programmatici e logistici, l'altro dedicato a quelli tecnico-scientifici.

Sulla scelta del luogo, Veronesi investì nuovamente su Milano, quella stessa città che già l'aveva formato con l'Istituto dei Tumori e che avrebbe finalmente avuto l'opportunità di munirsi di un ulteriore centro oncologico, in relazione al suo status di grande metropoli. Si optò per un terreno circondato da vecchie cascine, tra via Ripamonti e il paesino di Macconago. La concessione delle autorizzazioni richiese più di due anni di trattative burocratiche, durante le quali fu necessario documentare dettagliatamente che l'operazione non fosse speculativa, ma destinata a un'opera di impegno sociale. La complicata macchina italiana delle leggi, dei cavilli e dei permessi si era messa in moto e quando persino la sovrintendenza alle Belle Arti bocciò il progetto per un problema di armonia del paesaggio, fu chiaro che l'entusiasmo iniziale non sarebbe bastato. Il progetto venne rifatto di sana pianta; a bocciarlo fu, stavolta, il consiglio di zona perché l'edificio risultava essere troppo alto. Il problema fu arginato ricavando lo spazio in un ulteriore piano sottoterra. Poi ci fu da rendere conto all'ufficio fognature, successivamente ai vigili del fuoco... e così, anno dopo anno, le pratiche facevano il loro iter e l'edificio cresceva, finché non fu inaugurato nel maggio del 1994.

Foto 13. Con Gianni Agnelli e Francesco Cingano all'inaugurazione dell'Istituto Europeo di Oncologia.

Quando fu il momento di reclutare nuovi clinici e ricercatori, l'idea fu quella di andare in controtendenza rispetto alla «fuga di cervelli», riportando a casa i giovani desiderosi di poter finalmente svolgere il loro lavoro con serietà nel proprio Paese e l'Eso divenne il principale vivaio di nuovi medici, formati secondo una linea che accomunava la ricerca oncologica di tutta Europa.

Dunque, oltre a una solida base scientifica e una luci da attività organizzativa, non poteva certo mancare la sostanza etica, che fu rappresentata da un comitato in grado di rispondere alle esigenze dei malati e capace di garantire loro i diritti fondamentali, oltre che da un comitato di bioetica, incaricato di riflettere su temi come l'eutanasia, la clonazione e la bioenergetica.

Nonostante ciò, tuttavia, l'Ieo restava formalmente

Foto 14. Con Alberto Costa (a sinistra) e Peter Goldstraw (a destra) alla firma dell’accordo di collaborazione tra il Brompton Hospital di Londra e l’Istituto Europeo di Oncologia.

una clinica privata, anche se aveva tutte le carte in regola per essere riconosciuto come un Istituto di ricerca a carattere scientifico (Irccs) dal ministero della Sanità. Per avere tale riconoscimento, erano necessari precisi requisiti di scientificità, che però avevano perso una chiara definizione con il passare degli anni, dando luogo a una proliferazione incontrollata di enti di ogni tipo e a una dislocazione geografica anomala, con un Mezzogiorno ancora una volta fortemente penalizzato. Eppure, questi istituti nacquero come fiore all’occhiello della sanità italiana, rispetto al panorama europeo dove non è possibile trovare un modello analogo. Veronesi aveva con l’Ieo riscoperto la natura fondamentale degli Irccs, poiché aveva strutturato il progetto secondo uno stretto legame tra la ricerca di laboratorio e quella clinica.

Fu un'ulteriore sfida per Veronesi, una sfida dura e accompagnata dal peggiore nemico che un ospedale possa avere: l'indifferenza. Stampa e politica non nominavano e non prendevano in considerazione il nuovo istituto; furono mosse aspre critiche da parte dell'Istituto dei Tumori di via Venezian, poiché il nuovo direttore vedeva nell'Ieo il competitor per eccellenza. Gli unici pazienti che venivano ricoverati erano quelli muniti di assicurazione privata e Veronesi si trovò a gestire un istituto che come missione aveva la ricerca avanzata, ma che per lo Stato era classificato come casa di cura, quasi a testimoniare che in Italia conta più quello che sei formalmente, rispetto a quello che oggettivamente fai. Le cose cambiarono solo quando ci fu un vero tramite tra il mondo della politica e quello della scienza: Fabio Sereni, scienziato di livello internazionale, divenne assessore alla Sanità della Regione Lombardia e, grazie alla sua esperienza nel campo della ricerca, nonché alla sensibilità politica nei confronti di un sistema sanitario equo, seppe giudicare l'importanza e il valore del neonato Ieo. La Regione Lombardia si interessò alla causa, proprio nel momento in cui aveva deciso di concedere un'apertura sostanziale al convenzionamento con nuovi centri d'eccellenza. E quel «vento di fortuna» che si concede talvolta ai marinai fin dai tempi di Odisseo cambiò vertiginosamente i tempi del riconoscimento, in concomitanza della caduta del governo Dini. Il 18 gennaio del 1996 l'Istituto Europeo di Oncologia nacque di nuovo, questa volta come Irccs.

Se alla caduta del governo Dini si verificò la promozione dell'Ieo, nel 2000, dopo la caduta del governo D'Alema, ci fu la promozione di Veronesi stesso, a cui venne affidato l'incarico di ministro della Sanità da Giuliano Amato. Seppur per un solo anno, il ministero diede al Professore la possibilità di dedicarsi maggiormente alle proprie battaglie etiche; fu il banco di prova per applicare il pragmatismo scientifico al mondo sociale, nel tentativo di risolvere subito i problemi più complicati e che da anni limitavano il sistema sanitario nazionale. Veronesi ama sottolineare, del suo operato di ministro, soprattutto sei punti di forza: la battaglia contro il dolore, quella contro il fumo, quella per la libertà decisionale delle donne in materia di interruzione di gravidanza, quella per l'aggiornamento continuo dei medici e quella per la liberalizzazione delle droghe leggere. Il sesto tema fu quello della ricerca dell'ospedale ideale. La battaglia per la «cultura del dolore» fu vinta con lo stanziamento di ottanta miliardi di lire per i progetti degli *hospice*, ovvero unità ospedaliere di dimensioni ridotte dedicate alle cure palliative per i malati non guaribili. Inoltre, dopo essersi scontrato più volte, da medico e da ricercatore, con il morbo della burocrazia, il ministro Veronesi si prese anche una rivincita. Ottenne l'approvazione della legge che rende più agevole la prescrizione e l'uso della morfina e degli analgesici maggiori, semplificando il ricettario, in modo che sempre più medici potessero adoperare un mezzo farmacologico per diminuire il dolore e aumentare la dignità del paziente. Si trattava ancora una volta di affrontare il problema con le dovute misure, sensibilizzando quel mondo ospedaliero che solo per il venti per cento si prendeva cura della tematica del dolore in modo efficace; personaggi come il professor Vittorio Ventafridda, il giornalista Mario Pirani e organizzazioni come la Fondazione Floriani e il Vidas furono tra i più fedeli alleati di Veronesi in questa impresa. Il dibattito sulla necessità di limitare drasticamente il dolore si intersecò necessariamente con la riflessione sul problema dei pazienti in stato vegetativo e sulla prassi della «dolce morte». Veronesi ha sempre sostenuto che, a rigor di logica, se si cura tempestivamente e senza reticenze l'agonia provocata dal dolore, si attenua anche la richiesta di eutanasia. Durante il suo ministero nominò con decreto il Gruppo di Lavoro su nutrizione e idratazione di soggetti in stato di irreversibile perdita della coscienza, al fine di mettere ordine sui casi più complessi e sui problemi (medici, etici e legali) che queste situazioni comportano. Forte delle sue conoscenze internazionali, si fece promotore di un'attiva campagna sul testamento biologico, identificandolo come una delle più concrete soluzioni per la gestione degli stati vegetativi irreversibili.

Della battaglia contro il fumo si è già detto nel capitolo «La guerra al cancro, l'impegno politico e la battaglia per la pace», e anche se la legge porta il nome del suo successore, è noto a tutti che Veronesi ha scritto di suo pugno il testo che divenne disegno di legge nel luglio del 2000. D'altronde aveva dedicato una vita di energia a questo problema e ha contribuito considerevolmente in prima persona a modificare profondamente le abitudini degli italiani.

Nel disegno di legge previste multe fino a mezzo milione. Ma sarà possibile creare locali riservati

Veronesi: fumo vietato in tutti gli uffici

Proposta del ministro della Sanità: sigarette proibite anche al bar, al ristorante e nei negozi

Annunciato un disegno di legge all'indomani dell'ammissione del capo della Philip Morris: «Fa venire il cancro, i consumatori devono sapere»

«Fumo vietato in tutti i luoghi chiusi»

Veronesi: sigarette bandite anche nei negozi e sui mezzi, aree no smoking nei locali pubblici

Stati Uniti, compagnie al contrattacco dopo la multa da 300 mila miliardi. Veronesi incontrerà la Philip Morris

«Fumo, faremo in Usa i processi italiani»

L'annuncio dei consumatori. E gli oncologi: pronti a sostenere in tribunale i malati

Fumo proibito nei locali pubblici e privati. Il ministro: non è una crociata. Ora la parola passa al Parlamento

«Sigarette vietate in tutti gli uffici»

Sì al progetto Veronesi. Multe fino a sei milioni. Arriverà il controllore anti-tabacco

Fumo vietato in uffici e locali pubblici

Il governo: tre milioni di multa a chi non controlla. Ma il consumo è in aumento

Foto 15. Nel 2000 le prime pagine dei quotidiani italiani seguirono giorno per giorno gli sviluppi della battaglia anti-fumo di Veronesi, all'epoca ministro della Sanità.

Sulla libertà decisionale della donna Veronesi ha sempre mantenuto una posizione univoca e coerente ponendo con costanza la domanda ricorrente: se una donna arriva al punto di rifiutare una gravidanza, andando, per così dire, contro la sua stessa natura e affrontando un trauma fra i più difficili e dolorosi, che dobbiamo fare? Obbligarla ad avere un figlio non desiderato significa da un lato infrangere il suo diritto all'autodeterminazione e alla libertà di scelta individuale, dall'altro far nascere un bambino non amato dai genitori, che non potrà che crescere infelice ed emarginato, quando non finirà in un cassonetto. Quindi l'interruzione di gravidanza, che può essere ottenuta anche con l'assunzione di una pillola (la RU 486), è la scelta del male minore, e la legge 194 è nata per tutelare chi si trova ad affrontarlo.

La quarta grande area di impegno di Veronesi come ministro fu quella dell'aggiornamento dei medici. Un medico che non studia è un medico che non cura, ama ripetere il Professore, e una volta avutane la possibilità politica ha introdotto anche in Italia quel sistema di origine americana così efficiente e produttivo chiamato Ecm (Educazione Continua in Medicina). Colmando un ritardo antico verso Paesi come l'Inghilterra e l'Olanda, il ministero guidato da Veronesi introduce l'aggiornamento obbligatorio per medici e infermieri, crea una rete nazionale di esperti che valutano i contenuti e un sito internet, unico in Europa, per gestire l'intera attività.

Anche sulle droghe, leggere e pesanti, Veronesi ha sempre tenuto un atteggiamento coerente; contrario a tutti gli stupefacenti ha sempre però sostenuto che non è con il proibizionismo che si risolve il problema. «Siamo tutti contro le droghe, leggere o pesanti, nessuno dice che fanno bene. Ma abbiamo soltanto due scelte davanti a noi: proibire o educare. È possibile proibire? E, soprattutto, possiamo essere certi che la proibizione sia rispettata? Io credo di no. La proibizione non è un deterrente, ma al contrario fa aumentare nei giovani il desiderio della trasgressione. Non solo: la proibizione rende costosissime le droghe e spinge chi ne fa uso a compiere atti criminali per procurarsele» affermò in diverse sedi Veronesi, aggiungendo anche: «La lotta alla droga, che va tenacemente condotta, non si deve quindi basare su divieti e proibizioni, ma su programmi educativi, nella scuola e in famiglia, e su progetti per ridurre al minimo l'isolamento e il disagio esistenziale dei giovani». Troppo comodo sostituire l'educazione con la repressione. Non a caso, anche in sue prese di posizione più recenti, Veronesi ha tenuto sempre lo stesso atteggiamento anche sul problema degli alcolici.

All'idea di un ospedale ideale è infine dedicato il suo decreto ministeriale del 12 dicembre 2000, frutto dell'intensa collaborazione con Renzo Piano e i suoi motivatissimi collaboratori. Intitolato «Nuovo modello di ospedale», il progetto descrive un prototipo da approfondire e da applicare a contesti specifici. Ancora una volta un'idea dirompente, in controtendenza, che fissa requisiti minimi di standard molto elevato, usando il paziente e (per la prima volta) non più il medico e l'amministratore come perno attorno a cui far ruotare tutta l'attività.

Dal primo luglio 2001, Umberto Veronesi ha ripreso il suo incarico di direttore scientifico all'Istituto Europeo di Oncologia di Milano, nell'ufficio presidiato con ininterrotta continuità da Lucia Racca, che lo «ereditò» dall'indimenticabile Bianca Battaglia. L'anima politica di Veronesi è tutt'ora impegnata nell'attività del Senato e le sue battaglie sociali sono sempre in primo piano. Lo spirito organizzativo è maturato al punto tale da creare una perfetta sintesi tra il mondo della scienza e quello dell'etica, processo riconoscibile nelle

Foto 16. Apertura della First World Conference on the Future of Science, organizzata dalla Fondazione Umberto Veronesi.

attività della Fondazione che porta il suo nome. La volontà di conservare, proteggere, salvaguardare e prendersi cura è sempre presente in ogni progetto. Il nemico numero uno, il cancro, è diventato sempre più un «male curabile» e questa constatazione ha permesso la nascita di nuove speranze intorno a problemi non solo scientifici, ma anche civili. Il King Faisal International Prize Award, ricevuto nel 2003 in Arabia Saudita, dimostra che il mondo di Veronesi non è divisibile in occidentale e orientale; la conferenza «Science for peace» organizzata dalla sua Fondazione insieme a venti premi Nobel rappresenta, ancora una volta, una lotta contro il più grande dei dolori, la guerra.

Se, per ipotesi, si dovesse riassumere tutta la corposa e multiforme attività di Veronesi in un'unica frase, la scelta sarebbe molto semplice: «Tutti noi abbiamo il dovere di credere nel futuro».

Indice

Finito di stampare
nel mese di settembre 2009 presso
Grafica Veneta - via Malcanton, 2 - Trebaseleghe (Pd)

Printed in Italy